JENS BREHL

Für unsere Zukunft

Wie Bio-Pioniere die Welt verändern

Bibliografische Information der Deutschen Nationalbibliothek:
Die Deutsche Nationalbibliothek verzeichnet diese Publikation
in der Deutschen Nationalbibliografie; detaillierte bibliografische
Daten sind im Internet über http://dnb.d-nb.de abrufbar.

2. Auflage
© 2020, oekom verlag München
Gesellschaft für ökologische Kommunikation mbH,
Waltherstraße 29, 80337 München

Umschlaggestaltung: Mirjam Höschl, oekom verlag
Umschlagabbildung: Jens Brehl. Zu sehen ist Mathias
von Mirbach, Geschäftsführer des Kattendorfer Hofs.
Lektorat: Lena Denu, oekom verlag
Korrektorat: Maike Specht
Layout und Satz: Ines Swoboda, oekom verlag

Druck: Friedrich Pustet
GmbH & Co. KG, Regensburg

ISBN 978-3-96238-204-9

»Ursprünglich sind wir angetreten, um die Welt zu verändern. Stattdessen sind wir von einer politischen Bewegung zu einer Branche verkommen.«

Joseph Wilhelm, Mitgründer von Rapunzel

»Die Gentechnik ist die größte Gefahr für die ökologische Landwirtschaft.«

Barbara Scheitz, Geschäftsführerin Andechser Molkerei Scheitz

»Mit der heutigen Form der Landwirtschaft zerstören wir unsere Lebensgrundlagen. Das ganze System wird uns eines Tages um die Ohren fliegen. Ob wir für die Wende noch genügend Zeit haben, weiß ich nicht.«

Karl Ludwig Schweisfurth, ehemals Europas größter Fleischproduzent und Gründer der Herrmannsdorfer Landwerkstätten

»Bei der Energiewende haben wir auch nicht darauf gewartet, dass alle Ökostrom kaufen. RWE hat seine Atomkraftwerke nicht freiwillig abgeschaltet. Vielmehr war die Energiewende ein politischer Wille. Es wurden entsprechende finanzielle Anreize, Investitionssicherheiten geschaffen, und die Allgemeinheit musste dafür aufkommen. Bei der ökologischen Agrarwende soll es plötzlich der einzelne, mündige Konsument richten, aber so funktioniert es nicht.«

Martin Häusling, agrarpolitischer Sprecher der Grünen/EFA im Europäischen Parlament

Inhalt

Vorwort

Zwar wurde ich biologisch erzeugt, in Sachen Lebensmittel wuchs ich jedoch ganz konventionell auf. Meine Familie hatte keinerlei Bezug zu Landwirtschaft, und auch den heimischen Garten haben wir kaum für den Gemüseanbau genutzt.

Ende der 1990er-Jahre hinterfragte ich meine bisherige Lebensweise und begann zu ergründen, wie eine gesunde Ernährung aussehen kann. Schließlich interessierte ich mich für Bio-Lebensmittel. Auf die große Suche musste ich mich nicht begeben, denn ich konnte weiterhin wie gewohnt hauptsächlich im Supermarkt einkaufen. Bereits seit Anfang der 1980er hatten beim Lebensmittelhändler tegut Bio-Produkte Einzug gehalten. Als ich also zu diesen griff, gab es in jeder Sparte mindestens eine Öko-Alternative. Seit 2012 sind meine Einkäufe vollständig bio – und ich habe das gemeinschaftliche Gärtnern für mich entdeckt.

Für mich gab es keinerlei Hürden, an schmackhafte Bio-Lebensmittel heranzukommen. Das sah nur wenige Jahrzehnte zuvor für viele Menschen vollkommen anders aus. Damals mussten etliche Pioniere gegen teilweise heftige Widerstände neue Weichen stellen und sich den anfänglichen Marktanteil im Promillebereich oft hart erkämpfen. Auch heute noch weht vielen Landwirten und Herstellern mitunter ein rauer Wind entgegen.

Es war es an der Zeit, einige Pioniere zu treffen und zu erfahren, was aus ihnen geworden ist, ob sie heute noch immer neue Wege gehen oder ob sie sich auf den Lorbeeren von damals ausruhen. Bei jeder und jedem Einzelnen war ich vor Ort, da ich die Philosophie fernab der Marketingsprache selbst erleben und spüren wollte. Denn sagen kann man viel, am Ende ist das tägliche Tun ausschlaggebend.

Wir haben uns über die frühen Zeiten als Pioniere unterhalten, wie es gelingt, die ursprünglichen Ideale im rauen Wirtschaftssystem zu bewahren und wo die ökologische Agrarwende stecken geblieben ist. Bei meinen Besuchen habe ich zudem jede Gelegenheit genutzt, um hinter die Kulissen der Produktion zu schauen.

Gerade in meiner ökologischen Filterblase heißt es oft, dass bio schon lange in der Mitte der Gesellschaft angekommen sei. Fakt ist aber: Bis dahin ist es noch ein langer Weg. Es gibt jedoch viele Menschen, die ihn täglich mit unglaublicher Ausdauer beschreiten – für uns und unsere Zukunft.

Jens Brehl

Grußwort

Wir brauchen endlich eine umfassende Agrar- und Ernährungswende – besser heute als morgen! Das fordern Naturschützer und Ökologen seit Jahrzehnten, doch im letzten Jahr hat sich der Druck noch einmal erhöht: Eine Million Arten sind weltweit vom Aussterben bedroht, wenn wir nicht anders mit dem Land umgehen, warnt der Weltbiodiversitätsrat. Der Klimawandel kommt schneller als gedacht, warnt der Weltklimarat. Und immer mehr Menschen werden krank, weil sie sich – mitten im Überfluss – falsch ernähren.

Zuletzt hat die EAT-Lancet-Kommission zum dringenden radikalen Wandel aufgerufen. In der Kommission haben renommierte Ernährungsmediziner und Ressourcenforscher gemeinsam untersucht, wie die Ernährungssysteme der Zukunft gestaltet sein müssen, damit alle gesund bleiben – sowohl die Menschen als auch die globalen Ökosysteme. Ihre Botschaft: In Zukunft müssen wir mehr Obst und Gemüse essen, mehr Nüsse und Hülsenfrüchte – und weniger Fleisch und Zucker.

Das ist eine Riesenchance für Landwirtschaft und Naturschutz. Denn solch ein bunter Speiseplan erfordert eine weite Fruchtfolge auf den Feldern. Das könnte das Ende der Monokulturen und der gigantischen Tiermastanlagen bedeuten, die überall auf der Welt gebaut werden.

Damit diese Wende aber gelingt, brauchen wir Vorreiter. Eine bäuerliche Avantgarde, die unter schwierigen Umständen ausprobiert, wie eine gute nachhaltige Landwirtschaft aussehen kann. Von denen alle lernen können, wenn es endlich losgeht mit einer ernst gemeinten Agrarwende. Einer dieser Pionierbetriebe liegt ganz in der Nähe meines Heimatdorfes, der Biohof von Heike und Josef Jacobi aus Körbecke. Von ihnen weiß ich, was sich die Bio-Pioniere der ersten Stunde von ihren Kritikern alles anhören mussten und was für eine dicke Haut es brauchte, um trotzdem weiterzumachen.

Deshalb ist es wichtig, dass Jens Brehl viele dieser Pioniere besucht und ihre Geschichten aufgeschrieben hat. Was mich daran besonders freut: Er hat mir erzählt, mein inzwischen schon 15 Jahre altes Buch »Die Einkaufsrevolution« habe das Samenkorn für sein Interesse an guter nachhaltiger Landwirtschaft gelegt.

Es gibt kaum etwas Schöneres für Autoren und Autorinnen, als so etwas zu hören: wenn die eigenen Bücher neue hervorbringen, die den Gedanken weiterentwickeln. In diesem Sinn hoffe ich, dass die Geschichten der alten Bio-Pioniere junge Landwirtinnen und Landwirte mitreißen. Und natürlich noch viele andere, die sich als KonsumentInnen, WählerInnen oder PolitikerInnen für eine Agrarwende einsetzen.

Tanja Busse
Journalistin und Autorin

»Wir stehen bei bio noch am Anfang«

Lebensmittelhändler tegut, Hessen

Ende der 1990er-Jahre ereilte mich mein »Gesundheitsrappel«, wie ich ihn rückblickend nenne. So begann ich darauf zu achten, genug Wasser zu trinken, und ernährte mich fortan vegetarisch. Ab einem gewissen Punkt rückten Bio-Lebensmittel in meinen Fokus, obwohl ich in dieser Hinsicht in einer konventionellen Familie aufwuchs. Mit bio oder Landwirtschaft hatten wir nichts am Hut.

Noch heute denke ich gerne an die Zeit zurück, in der ich Bio-Lebensmittel ganz neu für mich entdeckte. Im gewissen Sinne waren meine ersten Einkäufe regelrechte Schatzsuchen. Vegetarische Brotaufstriche waren für mich fast das achte Weltwunder. Eine meiner ersten Anlaufstellen war das Reformhaus Dr. Heidl in Fulda. Damals befand ich mich noch mitten in meiner Berufsausbildung, und dennoch gab ich dort pro Einkauf meist über 100 Mark aus. Noch heute sehe ich mich vor meinem inneren Auge das Ladengeschäft betreten und meine mitgebrachte Klappbox hinter dem Kassentresen verstauen.

Weniger aufregend waren meine Besuche beim Lebensmittelhändler tegut, denn hier hatte ich zuvor schon eingekauft. War das Reformhaus für mich in gewissem Sinne ein exotischer Ort, betrat ich meinen gewohnten und »normalen« Supermarkt. Hier gab es Bio-Lebensmittel bereits in sämtlichen Warengruppen, und sie

Einer der ersten Läden. Foto: tegut

standen im Regal neben ihren konventionellen Pendants. Ich griff einfach zu einem anderen Produkt. So banal ich das Erlebnis damals empfunden habe, ist mir heute klar, dass ich es tegut verdanke, so unkompliziert an Bio-Lebensmittel gelangt zu sein. Bereits 1982 – also zwei Jahre nach meiner Geburt – hielten sie dort Einzug. Während ich an der Kasse warte, gehört es mittlerweile zu meinen heimlichen Hobbys zu beobachten, welche Waren die anderen auf das Band legen. Dort landet dann schon mal neben Bio-Milch und Demeter-Gemüse eine Tüte Maggi Fix oder Coca-Cola.

In meiner Heimatstadt Fulda hat Theo Gutberlet 1947 quasi aus dem Nichts heraus zwei Tante-Emma-Läden eröffnet. Es ist eine dieser fast schon klassischen Nachkriegserfolgsgeschichten.[1] Natürlich war damals noch nicht absehbar, inwieweit das Unternehmen wachsen und ab einem gewissen Punkt sogar Bio-Pionier sein würde.

Fernab von Einkaufsregalen und Scannerkassen besuche ich Wolfgang Gutberlet, den Sohn des 1994 verstorbenen Gründers, auf seinem Demeter-Hof LindenGut in Dipperz. Petrus ist auf unse-

Dieser Tante-Emma-Laden würde heute nur wenige Gehminuten von meinem Medienbüro entfernt liegen. Foto: tegut

rer Seite, denn es scheint die Sonne und ein angenehm frischer Wind weht mir um die Nase. In solchen Momenten merke ich, wie sehr es selbst in der vergleichsweise kleinen Stadt Fulda wegen der Autoabgase zeitweise zum Himmel stinkt. Ich lasse den Blick über den bunten Gemüsegarten schweifen, im Hintergrund stehen zwei Gewächshäuser. Von der Aubergine bis zur Zucchini gedeiht hier eine schier unglaubliche Vielfalt. Blumen und Kräuter sorgen für eine wunderschöne Farbenpracht. Wer ein wildes Durcheinander vermutet, irrt sich gewaltig. Die Gärtner überlegen genau, welche Pflanzen miteinander harmonieren – sprich gegenseitiges Wachstum begünstigen, Schädlinge vertreiben oder Nützlinge anlocken. Permakultur spielt eine große Rolle, so ist der Boden beispielsweise gemulcht. Das unterdrückt unerwünschte Beikräuter, und der Boden kann Feuchtigkeit besser bewahren. Den Hitzesommer 2018 hat der Garten vergleichsweise gut überstanden. Auf 1,2 Hektar wächst Streuobst, alleine 180 Apfelsorten sind dort beheimatet. Ein paar Gänse sind ausgebüxt und tollen herum, auch die Laufenten sind kaum zu halten. Auf einer Weide grasen friedlich Rinder. »Jedes Tier hat eine Aufgabe«, erklärt Anja Lindner, die den Hof leitet und mir das Anwesen zeigt. Die Laufenten sichern die Grenzen vor Nacktschnecken, Pferd und Esel dienen auf den Streuobstflächen als natürliche Rasenmäher, und Ziegen sind für die Hühner eine Art Sicherheitsdienst. Seitdem trauen sich Fuchs oder Habicht nicht mehr in die Nähe.

Die Hühner sind in zwei Mobilställen untergebracht, die regelmäßig versetzt werden. Somit haben die Tiere stets frischen Boden und müssen nicht wie bei stationären Ställen immer wieder durch den eigenen Dreck laufen. Wer genau hinsieht, erkennt bei den Hühnern Unterschiede. In einem Mobilstall sind Hybridhühner der Rasse »Lohmann Brown« untergebracht, die auch auf Bio-Höfen oft zu finden sind. Es handelt sich um Hochleistungshühner, die auf eine hohe Legeleistung optimiert sind und nicht selbst weitergezüchtet werden können. Da die Tiere kaum Fleisch ansetzen, ist es unwirtschaftlich, die Hähne zu mästen. Daher tötet man in der Regel die männlichen Küken am Tag des Schlüpfens. Mancherorts gibt es sogenannte Bruderhahn-Patenschaften, doch kritische Stimmen merken an, dass wir damit das System der Hybride zementieren. Denn auch die Hühner sind mitunter am Ende kaum als Suppenhuhn zu gebrauchen, da sie durch die enorme Legeleistung im Grunde ausgezehrt sind. Kein Wunder, denn circa 320 Eier legen sie im Jahr. Daher befinden sich im zweiten Mobilstall zum Vergleich echte Zweinutzungshühner der Rassen »Cream« und »Coffee«, die im Gegensatz zu den Hybriden eine Balance zwischen Legeleistung und Fleischansatz aufweisen. »Die Unterschiede in der Legeleistung sind bei uns im Grunde marginal, da die Zweinutzungshühner nur etwa zehn Prozent weniger Eier legen«, erklärt Lindner. Ganz bewusst arbeitet der Hof mit der ökologischen Tierzucht von Bioland und Demeter zusammen.[2]

Die auf dem Hof produzierten Lebensmittel verarbeiten das eigene angeschlossene Bio-Hotel und der Bio-Caterer »bankett sinn-

»Wenn etwas richtig ist, muss man es machen.« Wolfgang Gutberlet
Foto: photoebene Marzena Seidel

reich« in Fulda. Der Rest wird ab Hof oder mittels Verkaufsautomaten direkt vermarktet. Als Freund von regionalen Wirtschaftskreisläufen bin ich begeistert. Ein eigener Brunnen, die Photovoltaikanlage und die Pflanzenkläranlage runden das ökologische Bild ab.

Lebensmittel waren für Wolfgang Gutberlet Liebe auf den zweiten Blick. Tatsächlich wäre es ihm sogar lieber gewesen, sein Vater hätte Autos verkauft. »Ich kann nicht kochen und bin kein großer Genießer, auch wenn ich gerne esse«, sagt er lapidar. Seine Sichtweise änderte sich, als er 1972 mit seiner Familie einen kleinen Bauernhof am Mittelberg in der hessischen Rhön bezog. Eigentlich sollte es nur eine Wochenendwohnung sein, doch einmal die Dunkelheit bei Nacht und die herrliche Stille genossen, gab es keinen Weg mehr zurück in die laute Stadt. Gutberlet begann Rinder und Schafe zu halten, doch ein Umstand machte ihn stutzig. »Der Hof hatte mit seinen sechs Hektar früher eine ganze Familie ernährt, selbst als wir auf sieben Hektar erweiterten, hätten wir noch nicht einmal die Kosten decken können.« Seine Gedanken begannen um die Landwirtschaft zu kreisen. Zwar waren die Hungerwinter und Mangelzeiten nach dem Krieg überwunden, aber nicht jeder Bauer profitierte vom Aufschwung. »Die Landwirte haben schon immer zu wenig für ihre Erzeugnisse bekommen, außer in Krisenzeiten.« Zunehmend näherte sich Wolfgang Gutberlet Lebensmittel unter dem Aspekt der Gesundheit. Weihnachten 1982 zog die Familie auf den Bauernhof LindenGut um, der jedoch im Januar 1984 abbrannte. Doch schon im August fand Wolfgang Gutberlet dort wieder seine Heimat.

Schon lange ist er ein bekennender Anthroposoph. Schlüsselerlebnis war ein Besuch der Lebensgemeinschaft Sassen in Schlitz, wo Menschen mit und ohne Behinderung gemeinsam leben und arbeiten. Angeschlossen ist unter anderem ein Bauernhof, eine Gärtnerei und eine Bäckerei, die nach Demeter-Richtlinien wirtschaften. Gutberlet spürte eine besondere Art und Weise, wie die Menschen dort miteinander umgingen. Gefragt, woran das liege, fiel der ihm bis dato unbekannte Name Rudolf Steiner, Begründer der Anthroposophie. Wieder zu Hause, zog Gutberlet das Lexikon zurate. Am nächsten Morgen rief er in der Buchhandlung an und bestellte Steiners Gesamtwerk. Es folgte ein Rückruf, ob es ihm wirklich ernst damit sei, 300 Bücher erwerben zu wollen. »Daher holte ich mir auf dem Hofgut Sassen Tipps, wo ich am besten beginnen konnte, mich mit der Materie zu beschäftigen.« Schließlich besuchten alle Kinder die Rudolf-Steiner-Schule im nahe gelegenen Loheland.

Als er Götz Werner, den Gründer von dm, am Flughafen in Kopenhagen traf, erfuhr er, dass auch dessen Kinder eine Waldorfschule besuchten. »Wir haben umgehend beschlossen, zusammen anthroposophisch zu arbeiten. Die Kernfrage war, wie man die Philosophie konkret im Unternehmen umsetzen kann. Wir alle haben gute Gedanken und Werte, aber im Alltag schieben wir sie oft beiseite.« Die beiden sollten später bedeutende Geburtshelfer der Bio-Branche werden und Bio-Lebensmittel für noch mehr Menschen zugänglich machen.

Spätestens als Theo Gutberlet 1973 die Geschäftsleitung an seinen Sohn weitergab, eröffneten sich vielfältige Chancen, tegut zu gestalten. Wolfgang Gutberlet war damals 29 Jahre alt und bildete mit Willibald Arnold und Karl Jungmann die Geschäftsleitung. Ihnen oblag die Aufgabe, tegut aus seiner Pionierphase herauszubegleiten und neue Strukturen zu schaffen. »Wenn eine Organisation größer wird, reicht das Bauchgefühl nicht mehr. Ab einer gewissen Größe muss man anfangen, verbindliche Grundsätze aufzustellen. Man muss Prozesse festlegen und eine Kultur begründen. Das war nun meine Aufgabe. Die Kultur, die mein Vater begründet hatte, war eine Pionierkultur gewesen. Er ging voran, alle schauten auf ihn, und sein Charisma war der entscheidende Motor. Das ging jetzt nicht mehr. Dazu waren wir inzwischen zu groß geworden, zu unübersichtlich«, sagt Wolfgang Gutberlet.[3] Wie er das geschafft hat? »Man muss zunächst immer seine eigene Denkweise ändern und beginnen sich anders zu verhalten. Es ist ein Irrtum zu glauben, man könne andere Menschen ändern.« Der neue Führungsstil unterschied sich stark, denn während der Vater als Gründer Entscheidungen entschlossen traf, hörte sich der Sohn die Meinungen der anderen an, suchte den Konsens. »Meinem Vater war das zuwider, daher zog er sich bei solchen Gesprächssituationen zurück und ließ mich machen.« Vereinzelt musste sich Wolfgang Gutberlet anhören, er sei kein richtiger Chef. Dennoch blieb er seiner Philosophie treu.

So traf sich beispielsweise fortan die Geschäftsleitung, die im Laufe der Zeit erweitert wurde, jeden Morgen für eine Viertelstunde. Stehend bildete man eine Runde und legte zunächst eine stille Minute ein, um sich zu besinnen. Es folgte ein täglicher Sinnspruch, oft von Rudolf Steiner, Friedrich Schiller oder Johann Wolfgang von Goethe; immer Idealisten. Man sprach über Ideen und darüber, mit welchem Bewusstsein man die wichtigen Anliegen des Unternehmens angehen müsse. »Mein Vater hätte mit dem Kopf geschüttelt und gesagt, dass wir lieber etwas schaffen sollten«, sagt Gutberlet lachend. Schließlich hatte er die teuersten Mitarbeiter des Unternehmens versammelt, die augenscheinlich untätig waren. »Auch viele Mitarbeiter haben nicht verstanden, worum es mir ging. Das ist aber normal, es verstehen nie alle. Wir haben durch diese Viertelstunde eine gegenseitige Wertschätzung gewonnen, deren Effekt man nicht mit Geld beziffern kann.«

Doch es sollte bald noch »verrückter« werden. Die Familie Gutberlet hatte ihre Ernährung in der Zwischenzeit auf gesunde Kost umgestellt. So lieferte beispielsweise eine Quetsche die Flocken für das selbst hergestellte morgendliche Müsli. »Wir kannten nun bessere Lebensmittel und wollten diese auch unseren Kunden anbieten.« Bio sollte bei tegut Einzug halten. Diese Idee besprach Gutberlet mit Götz Werner, der mittlerweile im Aufsichtsrat von tegut saß. Dieser wiederum hatte bei einem Vortrag Götz Rehn kennengelernt, der damals noch bei Nestlé für die Yes-Riegel zuständig war. Das erste Treffen fand auf dem LindenGut statt. Rehn kündigte und bekam von Werner und Gutberlet ein Forschungsjahr finanziert. Gemeinsam reisten sie durch ganz Deutschland, um nach Kooperationen mit Menschen und Unternehmen zu suchen, die bereits in Sachen Bio-Lebensmittel aktiv waren. »Die wollten aber nichts mit uns zu tun haben, weil wir ihnen zu gefährlich, zu unternehmerisch waren. Auch Demeter hatte kein Interesse an einer Zusammenarbeit. Man fürchtete die Konkurrenz, wenn wir Bio-Lebensmittel im ›normalen‹ Supermarkt anböten.« Bio in Supermärkten kam einem Frevel gleich. Heute ist klar, dass Supermärkte und Discounter die wichtigsten Vertriebskanäle für Bio-Lebensmittel sind, denn 2019 wurde dort 60 Prozent des gesamten Umsatzes generiert. In Geld ausgedrückt landeten von den 11,97 Milliarden Euro stolze 7,13 Milliarden Euro dort in den Kassen.[4] Schon damals konnte Gutberlet diese Haltung nicht verstehen. Er war sich sicher: Wenn mehr Menschen mit Bio-Lebensmitteln in Kontakt kämen, hätten alle etwas davon, und man könne gemeinsam wachsen. Der damalige Markt, war positiv ausgedrückt, überschaubar, selbst heute noch ist er eine Nische. Gerade einmal 5,3 Prozent Anteil haben Bio-Lebensmittel am gesamten Umsatz in Deutschland 2018.[5] »Wir stehen bei bio noch am Anfang.«

Nach einem erfolglosen Jahr kam die zündende Idee. Götz Rehn sollte sich selbstständig machen und ein Handelsunternehmen mit Bio-Lebensmittel gründen, tegut und dm wären die Kunden. Somit fungierte Rehn sozusagen als Puffer zur Bio-Branche, und gleichzeitig konnte er dank tegut und vor allem dm auch ordentliche Abnahmemengen bieten. Ansonsten hätte wohl kaum ein Lieferant für ihn produziert. 1984 war es dann so weit. Der Arbeitsbegriff Naturkern wurde zugunsten des Namens Alnatura fallen gelassen – heute eine der wertvollsten Marken der Branche. In der Fuldaer tegut-Zentrale lag das erste Büro.

Endlich zogen 1982 Bio-Lebensmittel ins Sortiment ein. Das erste Produkt war Brot vom Hofgut Sassen, welches man in einigen Filialen bekam. Alnatura brachte weitere Vielfalt. Allerdings waren die Bio-Lebensmittel alles andere als ein Renner, da die Kunden sie weitgehend in den Regalen liegen ließen. Es gab nichts zu beschönigen, bio floppte auf breiter Front. Die Bio-Milch wurde mehrmals aufgrund mangelnder Nachfrage ausgelistet. Jedes Mal erging der Befehl von oben, sie wieder ins Sortiment aufzunehmen. Leitende Mitarbeiter und Mitarbeiterinnen rieten Gutberlet, den »Bio-Quatsch« sein zu lassen, weil er nur Geld koste. »Wenn etwas richtig ist, muss man es machen«, davon ließ sich Gutberlet nicht abbringen. »Die Macht der Gewohnheit ändert man nur über Generationen hinweg. Die meisten Leute essen, was sie schon immer gegessen haben. Bei meinen Eltern gab es nie bio. Jeden Abend lag die gleiche Auswahl Wurst und Brot auf dem Teller.« Gutberlet brauchte einen starken Willen, einen langen Atem und sollte am Ende recht behalten. Anfang der 1990er zog die Nachfrage langsam an und stieg Mitte der 2000er sprunghaft. Während ich diese Zeilen schreibe, liegt der Jahresumsatz der etwa 3.000 gelisteten Bio-Produkte teguts bei knapp 300 Millionen Euro. Bei der hauseigenen Bio-Marke setzt das Unternehmen konsequent auf Verbandsware. Das Bio-Siegel der EU reicht dem Lebensmittelhändler dafür nicht aus.[6]

Der Erfolg ermöglichte auch Alnatura, am 1. Oktober 1987 den ersten eigenen Supermarkt in Mannheim zu gründen. »Wir haben Götz Rehn gefördert und ihn auch finanziell unterstützt, damit er eigene Geschäfte eröffnen kann.« Ich wundere mich und muss meine Gedanken kurz sortieren. Warum er sich einen Konkurrenten geschaffen hat, möchte ich wissen. »Bio sollte unter die Menschen kommen. Reine Bio-Läden hätte ich nie eröffnet, weil sie nur in Ballungsgebieten funktionieren. Ich wollte die Nachfrage nach Bio-Lebensmittel steigern, sie dafür auch in die Dörfer und damit in die Fläche bringen. Mit einem reinen Bio-Sortiment wäre uns das nicht gelungen, weil der Umsatz zu gering gewesen wäre. Wir haben die Bio-Lebensmittel quasi Huckepack mitgenommen und konnten sie kostengünstiger verteilen.«

So erfolgreich Alnatura heute auch ist, bescherte das Unternehmen dem Gründungstrio Werner, Rehn und Gutberlet einen handfesten Streit. Der Drogist dm führte 2015 eine eigene Bio-Marke ein und listete die Produkte von Alnatura sukzessive aus. Ein herber Schlag, denn aus Sicht von Alnatura brach der wichtigste Kunde weg. Schon bald fanden sich mit Edeka, Rossmann und Müller neue Absatzwege. Schließlich klagte dm, denn aus den Anfangszeiten gab es noch die Vereinbarung, dass neue Kunden nur beliefert werden dürfen, wenn das komplette Gründungstrio einverstanden ist, was dm in eine enorme Machtposition gebracht hatte. Vor Gericht unterlag das Unternehmen allerdings. Davon unabhängig, wurde ein weiterer Rechtsstreit um die Markenrechte ausgefochten, und auch Wolfgang Gutberlet klagte mit. »Das habe ich nicht gerne gemacht, aber wir mussten diesen Punkt klären.« Hierzu einigten sich alle Beteiligten außergerichtlich an genau dem

Tisch auf dem LindenGut, an dem ich mit Wolfgang Gutberlet für das Interview sitze. »Ich habe Jahre daran gearbeitet, den Streit zu schlichten.« Für dieses Buch war es geplant, auch Alnatura an seinem heutigen Sitz in Darmstadt zu besuchen und Götz Rehn zu interviewen. Telefonisch teilte mir die Pressesprecherin allerdings mit, dass er weder für ein persönliches Gespräch noch für ein Telefonat zur Verfügung stehe und sich über den zurückliegenden Rechtsstreit generell nicht mehr äußere. Das muss ich respektieren, finde es aber durchaus bedauerlich. Zu gerne hätte ich mehr über die Pionierzeiten erfahren und wie es ihm gelang, namhafte Produzenten für Alnatura zu gewinnen. Auf ein rein schriftliches Interview möchte ich mich nicht einlassen.

Aber zurück zu tegut: Da Brot ein Grundnahrungsmittel ist, liebäugelte Gutberlet schon früh damit, sein eigenes zu backen. In den 1980ern übernahm er zunächst eine Backshopkette und Anfang der 1990er eine Bäckerei in Erfurt. Beides entpuppte sich als Reinfall. »Es klappt eben nicht immer alles. Manchmal muss man hartnäckig bleiben und mehrere Anläufe wagen. Dabei ist jede Lernstufe wichtig.« Bald ergaben sich zwei wichtige Impulse: In Niederjossa am Fuße des Herzberges kaufte Gutberlet eine konventionelle Bäckerei, die Konkurs gegangen war. Zudem kam er mit Forschern in Kontakt, die die Ansicht vertraten, die Vitalität von Wasser durch bestimmte Bewegungen steigern zu können. So wurde die Bäckerei Experimentierstube für Bio-Brot mit »vitalisiertem« Wasser als Zutat. Endlich war Gutberlet in Sachen Brot erfolgreich, denn schon bald wurde die Backstube zu klein. Am 8. Juni 1996 weihte er nahe der tegut-Zentrale schließlich die herzberger bäckerei ein. Auch hier spielt das Wasser eine große Rolle, denn es fließt über 41 mit Bergkristallen versehene Stufen eines Wasserturms. Kritische Stimmen prophezeiten, dass er mit einer reinen Bio-Bäckerei bald pleitegehen würde. Gutberlet blieb dabei, in seiner Bäckerei gibt es nur bio, basta. »Controller darf man nicht fragen, die rechnen alles kaputt«, sagt er lachend. Und er hat am Ende recht behalten: Der Markt und damit die Konsumenten waren bereit für eine reine Bio-Bäckerei in dieser Unternehmensgröße.

Die 1972 noch mit dem Vater gemeinsam gegründete Kurhessische Fleischwaren Fabrik, kurz kff, begann Anfang der 1980er, Bio-Fleisch zu verarbeiten. Am Ende sollte der Anteil zwischen 20 und 30 Prozent liegen. Bio ist in den Produktionshallen jedoch längst passé.

2009 übernahm Sohn Thomas das Ruder, doch schon bald sollte eine Unruhe ins Unternehmen kommen. Einerseits gab es wirtschaftliche Herausforderungen, andererseits finanzielle Engpässe. »Eintracht macht viele Dinge groß, durch Zwietracht wird man große Dinge los«, lautet ein Sinnspruch, den Wolfgang Gutberlet in diesem Zusammenhang zitiert. Im Januar 2013 kaufte Migros Genossenschaft Zürich das tegut-Handelsgeschäft. Die Produktionsbetriebe herzberger bäckerei und kff übernahm Wolfgang Gutberlet in seiner W-E-G-Stiftung. Wichtigster Kunde für beide Betriebe war tegut, bei der kff zeichnete sich der Lebensmittelhändler laut Wolfgang Gutberlet für 80 Prozent des Umsatzes verantwortlich. Doch schon bald kam Sand ins Getriebe der Zusammenarbeit, und tegut bestellte sukzessive immer weniger. Zwar waren die Produkte mittlerweile auch bei Dennree und Rewe gelistet, und Wolfgang Gutberlet reiste durch ganz Deutschland, um neue Kunden zu finden, doch es war zu spät: Die kff rutschte in die Verlustzone, das Unternehmen war wirtschaftlich nicht mehr zu halten. Wolfgang Gutberlets oberstes Ziel lautete nun, die Arbeitsplätze zu sichern. Zum 31. Januar 2017 übernahm die Deurer-Gruppe die angeschlagene kff und stellt dort seitdem konventionelles Tierfutter her. »Das war ein herber Schlag, den ich leider nicht abwenden konnte.«

tegut kaufte auch bei der herzberger bäckerei immer weniger ein, doch diese hatte einen breiteren Kundenstamm und konnte den Umsatzrückgang entsprechend kompensieren. Dennoch ist seit Mai 2017 tegut wieder der Eigentümer. »Ich konnte mich nicht mehr länger streiten, das hat mich viel Kraft gekostet. Darum habe ich die

Thomas Gutberlet hält den Lebensmittelhändler weiter auf Bio-Kurs. Foto: tegut

Bäckerei schließlich verkauft. Es haben viele Dinge eine Rolle gespielt, dass wir da gelandet sind, wo wir heute stehen«, sagt Gutberlet. Er hat Jahre benötigt, um seinen Frieden mit den Ereignissen zu machen. »Heute kann ich mich ohne faule Kompromisse hundertprozentig auf bio konzentrieren.« Das Handelsgeschäft vermisse er nicht.

***

Einige Wochen später mache ich mich auf den Weg zur tegut-Zentrale in Fulda, um ausführlich mit Thomas Gutberlet zu sprechen. Auf dem Parkplatz trifft mich der Gestank wie ein Schlag. Verantwortlich dafür ist die kff pet care, wie die ehemalige Fleischwarenfabrik nun heißt. Wieder werde ich daran erinnert, dass dort vor wenigen Jahren noch hochwertige Bio-Lebensmittel hergestellt wurden, die Zeit dafür allerdings vorbei ist, und genau das macht mich augenblicklich traurig. Wenn immer mehr Landwirte und Landwirtinnen von der konventionellen auf die ökologische Seite wechseln sollen, braucht es in meinen Augen auch Verarbeitungsmöglichkeiten in den jeweiligen Regionen.

Thomas Gutberlet treffe ich in seiner Arbeitsnische. Bei tegut gibt es keine geschlossenen Büros, vielmehr sind ganze Abteilungen über eine offene Fläche verteilt. Wir ziehen uns in einen Besprechungsraum zurück, und sogleich beginne ich, die »heiklen Themen« auf meiner Liste anzusprechen. Zunächst möchte ich wissen, warum das Handelsgeschäft überhaupt verkauft werden musste. Im Zuge der Finanzkrise 2008 sei man in einen Sog geraten, denn Kredite waren nun schwieriger zu erhalten und vor allem teurer. »Dringende Investitionen mussten hintenanstehen, und daher hat es an manchen Stellen und an wichtigen Leistungen für den Kunden gefehlt. Es war eine Abwärtsspirale«, sagt Thomas Gutberlet. »tegut hätte den Weg, den wir heute gehen, nicht mehr aus eigener Kraft beschreiten können. Dank Migros Genossenschaft Zürich konnten wir den Investitionsstau auflösen und wieder verstärkt die Expansion vorantreiben. In unserem Haus ist der Schritt aber niemandem leichtgefallen. Auch ich habe mich gefragt, was ich falsch gemacht habe.« Doch allzu lange wollte er sich nicht damit aufhalten, mögliche Fehler der Vergangenheit zu analysieren. »Wir haben uns auf die neue Situation besonnen, in der wir das Unternehmen weiterentwickeln müssen, anstatt am Alten hängen zu bleiben. Keiner kann sagen, ob andere Entscheidungen letztendlich Erfolg gebracht hätten.«

Allerdings waren damals einige Mitarbeiterinnen und Mitarbeiter verunsichert, denn obwohl die Verhandlungen mit der Migros Genossenschaft Zürich (für eine bessere Lesbarkeit ab jetzt nur noch Migros) vertraulich waren, spürten viele eine näher rückende große Veränderung. Auch die Presse spekulierte, was kommen würde. Thomas Gutberlet war zu diesem Zeitpunkt in der unglücklichen Situation, öffentlich einen Verkauf dementieren zu müssen, obwohl das Gegenteil der Fall war. »Das war eine grenzwertige Erfahrung«, sagt er rückblickend. »Jedes vorzeitige Bekanntwerden hätte das Aus für tegut bedeuten können. Zwischen dem Moralischen und dem Notwendigen abzuwägen ist schwer.« Schließlich wurde das

Handelsgeschäft an Migros verkauft. Viele Kundinnen und Kunden waren besorgt, bei tegut nur noch Produkte aus der Schweiz und weniger oder gar keine Bio-Lebensmittel mehr zu finden. »Lustigerweise haben viele Kunden dann auch Schweizer Produkte wie zum Beweis in den Regalen entdeckt, die wir allerdings schon seit Jahren im Sortiment hatten.« Ein Kenner des Lebensmittelhandels, der an dieser Stelle nicht namentlich genannt werden möchte, sagt: »Der Kauf durch die Migros war für tegut ein echter Glücksfall, da die Philosophien der Unternehmen sehr gut zusammenpassen. Hätte eine große deutsche Supermarktkette tegut geschluckt, wäre die Marke wahrscheinlich verschwunden.«

Die klare Trennlinie zwischen Familie und Unternehmen ist für den nun angestellten Geschäftsführer Thomas Gutberlet ein weiterer Pluspunkt. »Man schleppt die ganze Emotionalität einer Familie mit allen Beziehungen ins Arbeitsleben, alles vermischt sich. Man hat nie die volle Klarheit, wo man steht«, sagt er und legt nach: »Für mich war es normal, weil ich damit aufgewachsen bin. Für neue Externe war es allerdings mitunter schwierig, wenn ihnen beispielsweise in einem Gremium drei Familienmitglieder gegenübersaßen. Da kommt schnell eine gewisse Unwucht rein. Zumal es gefährlich sein kann, wenn sich familiäre Befindlichkeiten auf Entscheidungen auswirken.« De facto habe sich in seinem Aufgabenspektrum nur wenig geändert.

In der früheren Stiftung war er als Vorstand dem Aufsichtsrat Rechenschaft schuldig, heute ist er dies dem Beirat und dem Eigentümer Migros. Was abzustimmen und zu berichten sei, sei nahezu identisch. Einfluss auf das Sortiment wird nicht genommen. Natürlich ist die Migros Investor und möchte einen entsprechenden Ertrag sehen. »Letztendlich müssen alle Unternehmen wirtschaftlich am Markt bestehen können. Kreditgebende Banken sind in der Regel auch nicht freundlicher als ein Investor.« Letzterer würde meist strategisch weitreichender in die Zukunft schauen. Migros besteht in der Schweiz aus zehn Genossenschaften, anhand der Größe liege tegut im Mittelfeld. »Wir haben Zugriff auf Erfahrungen und Expertenwissen aus anderen Unternehmen, den wir zuvor in der Tiefe nicht hatten.« Doch auch andersherum funktioniere der Wissenstransfer. So hat tegut damit begonnen, in ausgewählten Filialen Waren unverpackt anzubieten. »Kollegen aus der Schweiz haben sich das angeschaut und überlegen, ob sie das nicht auch einführen.« Die Debatte zu Plastikmüll und unverpackter Ware werde allerdings sehr emotional geführt. »Wo es geht und sinnvoll ist, müssen wir auf Verpackung verzichten. Es darf dadurch aber nicht zu mehr Lebensmittelverschwendung kommen. Da einen guten Mittelweg zu finden ist schwer.« Bestes Beispiel sei die in Folie eingeschweißte (Bio-)Gurke. Kein Kunde verstehe, warum sie verpackt ist. Dabei schützt die Folie vor dem Austrocken, denn ungekühlt und ohne Schutz schrumpeln die Gurken recht schnell. Tendenziell würden nun mehr und vor allem importierte Gurken entsorgt.

Nun komme ich darauf zu sprechen, warum tegut sukzessive immer weniger bei der herzberger bäckerei und der kff eingekauft hatte, als die Unternehmen noch Bestandteil der von seinem Vater geführten W-E-G Stiftung waren. Thomas Gutberlet windet sich einen kurzen Moment. »Das ist ein schwieriges Thema. Je nachdem, mit wem Sie sprechen, erhalten Sie eine andere Antwort.« Außenstehende hätten den Eindruck gewinnen können, dass sich ein Familienkonflikt auf die Einkaufspolitik auswirkte. »Es lag dahinter kein Kalkül«, betont er. Als die beiden produzierenden Unternehmen noch zu tegut gehörten, gab es einen gewissen Zwang, dort auch einzukaufen. Als dieser wegfiel, sei man freier gewesen und habe sich auf dem Markt umgeschaut, wer die gewünschte Qualität zu einem guten Preis liefern konnte. Gutberlet führt als Beispiel Filialen in Würzburg und Kassel an, wo Produkte von jeweils regionalen Metzgern ins Sortiment kamen. »Die Trennung war für alle Unternehmen schmerzlich«, sagt er in ernstem Ton. »Da die herzberger bäckerei und kff so stark darauf ausgerichtet waren, ein Teil von tegut zu sein, war es enorm kräfteraubend, nun hauptsächlich für

Ohne konventionelle Lebensmittel zum Discountpreis gäbe es auch kein bio bei tegut. Foto: Jens Brehl

den freien und stark umkämpften Markt zu produzieren. Man konnte nicht rechtzeitig genügend Drittkunden gewinnen.«

Im Frühjahr 2017 kehrte die herzberger bäckerei wieder zu tegut zurück. »Da tegut damals wieder stabiler war, haben wir diesen Schritt gewagt. Drei Jahre früher hätten wir uns vielleicht anders entschieden.« Die kff wieder einzugliedern sei allerdings keine Option gewesen. »Die kff war zu sehr in die Jahre gekommen und nur schwer in der bestehenden Form weiter lebensfähig gewesen. Unter den Gesichtspunkten gab es keine Aussicht auf Rentabilität.«

Eine Marketingverantwortliche hatte mir vor etlichen Jahren unter vier Augen gesagt, Lebensmittelhandel sei Krieg, es zählten nur die billigsten Preise und der Marktanteil. So weit möchte mein heutiger Gesprächspartner nicht gehen. Bei Ein- und Verkaufspreisen und den besten Standorten sei es »ein Kampf mit harten Bandagen«. Deutschland sei in Sachen Lebensmittelhandel der am stärksten umkämpfte Markt der Welt. »Wenn Aldi seine Preise senkt, wissen wir das wenige Minuten später und müssen augenblicklich mitziehen.« Puh, das ist doch aus Sicht der Produzenten eine Abwärtsspirale. »Wir sind nicht die treibende Kraft«, betont Gutberlet. »Unsere Kunden hätten kein Verständnis, wenn die Produkte bei uns teurer sind, da geht der Umsatz spürbar zurück. Gerade bei Produkten zum Discountpreis reagieren Kunden sehr schnell.«

Ob Bio-Lebensmittel im Lebensmitteleinzelhandel angesichts des ständigen Preiskampfs überhaupt gut aufgehoben sind? Schließlich sollen die Landwirte und Landwirtinnen Artenvielfalt bewahren, Humus aufbauen, das Klima schützen und mehr. Dafür benötigen sie aber faire Preise. »Auf der einen Seite der böse konventionelle Handel, auf der anderen der gute Bio-Handel – der Zug ist längst abgefahren«, klärt mich Gutberlet auf. Sprich: Der Wind ist bei beiden mitunter rau. Die Frage, wie man gemeinsam die ökologische Agrarwende voranbringen könne, sei meist zweitrangig – wenn sie denn überhaupt gestellt wird. Ein mittelständischer Bio-Produzent erzählte mir Ähnliches: Ob Discounter, klassischer Handel oder Bio-Handel, die Gespräche seien überall gleich. Ein anderer schüttelte traurig den Kopf, als ich fragte, ob Anbauer, Verarbeiter und Bio-Händler mit der ökologischen Agrarwende das gleiche Ziel einen würde.

Eine Frage brennt mir schon seit Jahren auf der Zunge, daher freue ich mich, sie endlich stellen zu können: Einerseits demonstriert Thomas Gutberlet regelmäßig bei »Wir haben es satt« in Berlin, und gleichzeitig verdient er sein Geld mit genau den Lebensmitteln, gegen deren Herstellungspraxis er auf die Straße geht. In seiner Brust müssen doch zwei Seelen wohnen. »Unser Ursprung liegt im konventionellen Handel, der es uns letztendlich erst ermöglicht hat, Bio-Lebensmittel bis ins kleinste Dorf zu bringen. Wir können nicht von heute auf morgen alle konventionell hergestellten Lebensmittel aus dem Sortiment nehmen, das würden unsere Kunden auch nicht mitmachen. Wir müssen uns Stück für Stück wandeln und dabei alle mitnehmen.« Auch der überzuckerte Energydrink oder die Zigaretten finanzieren das Bio-Geschäft. Im Sommer 2019 kratzte der Anteil am Umsatz mit Bio-Lebensmittel an der 30-Prozent-Marke, die wahrscheinlich auch bald geknackt wird, worauf Gutberlet mit Recht stolz ist. So gesehen, ist tegut auch ein Gradmesser, wo die Gesellschaft in Sachen Bio-Lebensmittel steht. »Jeder Einkauf ist ein Stimmzettel«, wird beispielsweise Georg Sedlmaier nicht müde, seinen Gesprächspartnern ins Gedächtnis zu rufen (siehe Kapitel »Im

Einsatz für gesunde Lebensmittel« ab Seite 205), und schlägt damit in die gleiche Kerbe wie Thomas Gutberlet. Man könne nicht als Oberlehrer auftreten und den Menschen erzählen, wie sie sich ernähren sollen. »Die Kunden möchten nicht durch uns bevormundet werden, sondern sich frei entscheiden können.« Daher gelte es, Angebote zu machen und mit ihnen zu überzeugen. Ob er sich vorstellen könne, künftig nur noch Bio-Lebensmittel zu verkaufen? »Natürlich. Je erfolgreicher bio allerdings wird, umso mehr wachsen Widerstände. Jeder ökologisch bewirtschaftete Hektar ist aus Sicht der chemischen Industrie ein Verlust. Für die vollständige ökologische Agrarwende braucht es zudem ehrliche Preise und eine völlig andere Förderpolitik der EU. Die meisten Subventionen werden nach dem Gießkannenprinzip rein nach Hektar verteilt, egal, wie der bewirtschaftet wird. So belohnt die Politik nur den reinen Kapitaleinsatz.«

Wolfgang Gutberlet haben wir es zu verdanken, dass bio in die breite Fläche kam, und bis zu einem gewissen Grad auch, dass andere Lebensmittelhändler Bio-Produkte in ihr Sortiment aufgenommen haben. Der Fuldaer Mittelständler tegut hatte bewiesen, mit bio erfolgreich sein zu können. Jedes Mal, wenn ich in einer anderen Region Supermärkte betrete, merke ich, dass ich durch tegut an ein besonders breites Sortiment an Bio-Lebensmitteln gewöhnt bin. Suche ich woanders Vergleichbares, bin ich häufig enttäuscht. Allerdings kann sich tegut, dessen Marktanteil die Lebensmittel Zeitung 2019 auf 0,41 Prozent schätzt, nicht ganz von Systematiken wie Preiskampf befreien. Edeka, die Schwarz-Gruppe (Lidl, Kaufland), Rewe und Aldi beherrschen mit einem Anteil von etwa 60 Prozent ganz klar den Markt. Die Zukunft wird zeigen, wie sich tegut und Thomas Gutberlet weiter behaupten können und wie schnell der Anteil an Bio-Lebensmitteln im Sortiment weiter wächst.

_____ Wolfgang und Thomas Gutberlet habe ich getrennt interviewt.

Wenn Utopien wahr werden

Vor nunmehr über 100 Jahren – genauer gesagt, 1919 – gründeten die beiden Großstädterinnen Louise Langaard und Hedwig von Rohden ihre Frauensiedlung Loheland als gelebte Utopie nahe Künzell in Hessen und damit fast vor meiner Haustür. Der Name leitet sich wohl von den Anfangsbuchstaben ihrer Vornamen ab. Die beiden Gymnastiklehrerinnen wollten gemeinsam mit Schülerinnen ihre Vision von Bewegungsschulungen, handwerklichen Tätigkeiten und Naturverbundenheit leben. Damals war die Gesellschaft in einem gewaltigen Umbruch: Die Monarchie hatte in Deutschland abgedankt, der Erste Weltkrieg war verloren. Die Loheland-Frauen strebten mit ihrem emanzipierten Siedlungsprojekt nach Freiheit und schufen einen Ort, der nicht nur kulturell enorme Spuren hinterlassen sollte, sondern auch in der ökologischen Landwirtschaft. Heute ist Loheland in der Region mindestens durch die dort ansässige Rudolf-Steiner-Schule bekannt, die wiederum eng mit der biologisch-dynamischen Landwirtschaft und Gärtnerei verbunden ist. So kümmern sich Schüler um Schafe, Schweine und Esel oder säen ihr eigenes Getreide, während der Kindergarten mit zur Kartoffelernte ausrückt. Mit sieben Hektar Ackerland, acht Hektar Grünland und einem Hektar Garten- und Obstbau ist der eher kleine landwirtschaftliche Betrieb ohne die Schule wirtschaftlich kaum überlebensfähig.

Die Gründerinnen erwarben damals 54 Hektar Wald am Fuße der hessischen Rhön; das komplette Gelände mussten sie erst urbar machen. Fertige Hütten, fließend Wasser oder gar Strom gab es nicht, dafür jede Menge Tatkraft starker Frauen. Um zu verstehen, warum sie die Mühen auf sich genommen haben, muss man die vielen gesellschaftlichen, alternativen Strömungen der damaligen Zeit betrachten, die sich mal locker, mal enger miteinander verwoben. So entstand die Idee zu Loheland nicht im luftleerem Raum, sondern war im Grunde ein Schmelztiegel neuer Sichtweisen aus der Anthroposophie, der Siedlungs- und Jugendwerke, der Lebensreform-Bewegung und vielem mehr. Speziell nach dem Ersten Weltkrieg lag das Alte im wahrsten Sinne des Wortes in Trümmern, und auch zuvor wurde die Industrialisierung wegen ihrer schädlichen Folgen für Natur und menschlicher Gesundheit kritisch betrachtet. Alleine die Lebensreformer waren eine bunte und oftmals lediglich locker verbundene Gruppe der Hippies ihrer Zeit. Die Anhänger beschäftigten sich bereits im 19. Jahrhundert mit Yoga, Naturheilkunde, vegetarischen und veganen Lebensweisen, Freikörperkultur und mehr. Kurz gesagt, sollte der Mensch wieder verstärkt in Kontakt mit der Natur kommen. Schon Anfang des 20. Jahrhunderts machte man sich in diesen Kreisen Sorgen über den Rückgang der Artenvielfalt. Viele scheinbar neue ökologische Themen oder Trends haben alte Wurzeln und waren im Laufe der Zeit mal stärker, mal weniger stark im allgemeinen gesellschaftlichen Diskurs vertreten.

Dass die Frauen allerdings zu dieser Zeit so viel Tatendrang und Mitstreiterinnen versammeln konnten, und dass es in Loheland bereits Ende der 1920er-Jahre neben Landwirtschaft und Gärtnerei eine Weberei, Schreinerei, Töpferei und weitere handwerkliche Bereiche gab, erstaunt mich zutiefst. Zumindest Baumaterial war durch die eigene Sandgrube, den Steinbruch und den Wald vorhanden. Die Frauen haben ihre Gymnastikausbildungen vorangetrieben, »nebenbei« die Siedlung aufgebaut und den kompletten Alltag vom Kochen bis zum Waschen gemeinsam bestritten. In

Loheland ist alles aus der Notwendigkeit heraus entstanden, da sich die Frauen weitgehend selbst versorgen wollten. So wurde der erste Garten wohl wahrscheinlich ein Jahr nach der Gründung angelegt, wobei sich dort auch heute noch kaum ein Landwirt oder eine Gemüsebäuerin niederlassen würde. Loheland liegt auf rund 430 Höhenmetern mit dem entsprechend kalten Klima, darüber hinaus noch auf sandigem Boden – Fachkundige würden »Buntsandsteinverwitterungsboden« beziehungsweise »Röd« sagen. Nach einem Regen kann man das Land zwar recht schnell wieder betreten, aber es war ursprünglich alles andere als fruchtbar. Nicht einmal Gras hätte sich dort wohlgefühlt. Auf den heutigen Äckern gibt es kleine Flecken, wo man das Gemüse direkt aus sandigen Stellen erntet. In der Pionierzeit konnte es schnell zum Problem werden, wenn der Boden nicht fruchtbar genug war und die Ernte entsprechend gering ausfiel.

Da Louise Langaard und Hedwig von Rohden die Vortragsthemen Rudolf Steiners aktiv verfolgten und selbst Vorträge besuchten, erfuhren sie früh von seinem landwirtschaftlichen Kurs, den er 1924 in Koberwitz bei Breslau hielt und in dem er die Grundlage für die biologisch-dynamische Landwirtschaft legte, auf der sich 1927 der Anbauverband Demeter gründete. Demeter? Das sind doch die, bei denen nach Vollmondnächten Jungfrauen in weißen Gewändern morgens barfuß den Tau von der Wiese aufsammeln. Vereinfacht gesagt, sieht der Demeter-Landwirt im Sinne eines geschlossenen Kreislaufs in allem eine große Einheit. Da spielen die Welt der Mikroorganismen im Boden, der Pflanzenwurzeln, der Tiere, aber eben auch Planetenkonstellationen sowie weitere kosmische und geistige Kräfte eine große Rolle. Das Ziel: Böden zu verlebendigen, um damit für alle Lebewesen und Pflanzen optimale Voraussetzungen zu schaffen. Letztere sollen zusätzlich gegen Pflanzenkrankheiten gestärkt werden. Die sollen dann entweder gar nicht erst entstehen oder nach kurzer Zeit ausheilen. Chemische Mittel, um Fehler beim Anbau zu korrigieren, haben keinen Platz in der biologisch-dynamischen Wirtschaftsweise und werden nicht verwendet. Statt Krankheiten zu bekämpfen, soll die Gesundheit gefördert werden, und das gelingt mit speziellen Präparaten.

So landet beispielsweise ein perfekt geformter Kuhfladen in einem Kuhhorn, welches über den Winter auf dem Acker vergraben wird. Im Frühling wird es ausgegraben und sein Inhalt eine Stunde lang rhythmisch in Wasser durch Rühren dynamisiert. Das Ergebnis bringen die Landwirte als Spritzpräparat aus: Homöopathie für den Boden, würde der Laie sagen. Ein weiteres Präparat gibt es für Pflanzen. Hier wird allerdings gemahlener Bergkristall mit Quellwasser vermischt, als Brei in ein Kuhhorn gefüllt und dieses über den Sommer auf dem Acker vergraben. Wieder geborgen, wird auch dieser Inhalt in Wasser gerührt und auf Pflanzen versprüht. Dieses Vorgehen soll die Abwehrkräfte der Pflanzen stärken.

Ebenso gilt es, den Kompost aufzuwerten, mit dem der Ackerboden verlebendigt werden soll. Zum Einsatz kommen Schafgarbe-, Kamille-, Brennnessel-, Eichenrinde-, Löwenzahn- und Baldrianpräparate. Getrocknete Kamillenblüten werden beispielsweise mit Kamillentee angefeuchtet, in einen Rinderdarm gefüllt und über den Winter auf dem Acker vergraben. Hier verrottet der Darm, zurück bleiben die veränderten Kamillenblüten. Als Präparat sorgen sie im Kompost dafür, dass er nur die von den Pflanzen benötigten Mengen Stickstoff abgibt. Was passiert, wenn zu viel Stickstoff freigesetzt wird, erklärt Demeter-Winzerin Lotte Pfeffer-Müller im Kapitel »Danke für die Blumen« ab Seite 170.

Zugegeben, das Ganze klingt nach Hokuspokus. Entsprechend viele sind angesichts der als »esoterisch« wahrgenommenen Methoden skeptisch – ich bin es in manchen Punkten auch. Unterm Strich gelingt es jedoch, ohne Einsatz von chemischen Hilfsmitteln hochwertige Lebensmittel zu produzieren. Gerade die herausfordernden Ackerböden in Loheland wären ohne intensive biologisch-dynamische Arbeit kaum so nachhaltig fruchtbar wie heute. Ein entscheidender Kontakt fand 1926 statt, als Louise Langaard Immanuel Voegele – den Mann, der mit seinem Brief den endgültigen Ausschlag für Steiners landwirtschaftlichen Kurs 1924 gab – und den Versuchsring anthroposophischer Landwirte bat, beim Umstellen der Loheland-Ländereien auf diese biologisch-dynamische Arbeitsweise zu unterstützen. Im Folgejahr wurde damit begonnen, und bereits zwölf Monate später war die Umstellung abgeschlossen. Es war viel zu tun, denn im Grunde gab es keinen richtigen Bauernhof. »Die Böden waren unfruchtbar und heruntergewirtschaftet, und es gab noch keine stimmigen Kreisläufe.« Nachdem die Rotviehherde aufgebaut und die Kompostwirtschaft eingeführt war, ließen sich die Ernteerträge innerhalb weniger Jahre steigern, sodass sich die Menschen in Loheland weitgehend selbst versorgen konnten.[7] Zudem war die Arbeits- und Forschungsverbindung gegründet.

Nach all den Jahren ist es wahrscheinlich nicht in Gänze zu erfassen, welche wichtigen Weichen die Keimzelle Loheland für die ökologische Landwirtschaft gestellt hat. Zumindest eine Entwicklung ist in meiner Heimatregion nicht zu übersehen: Martin Günzel absolvierte in Loheland seine Lehre zum Gemüsegärtner, zehn Jahre später übernahm er die antonius Gärtnerei in Fulda-Haimbach. Damals gab es dort nur eine Handvoll Gärtner, weder ein eigenes Gebäude noch große Gewächshäuser. In den unterschiedlichen Betrieben von antonius arbeiten Menschen mit und ohne Handicap miteinander. 1904 wurde das Antoniusheim gegründet, um Menschen mit Behinderung zu helfen, seitdem hat sich die dazugehörige Stiftung stetig weiterentwickelt und neue Betriebe ins Leben gerufen. Heute strebt das antonius Netzwerk Mensch Inklusion in allen gesellschaftlichen Bereichen an. Landwirtschaft und Gartenbau dienten anfangs wie in Loheland der Eigenversorgung und boten darüber hinaus auch therapeutische Arbeitsplätze. Als Günzel in der Gärtnerei das Ruder übernahm, fackelte er nicht lange und stellte den Betrieb auf ökologischen Anbau um. Zeitweise galt er als grüner Spinner, der sich jedoch rückblickend betrachtet richtig entschied. Bald darauf wurde auch der antonius Hof – heute einer der größten hessischen Betriebe im Bereich der Sozialen Landwirtschaft – umgestellt sowie die Bäckerei gegründet. »Bio ist die tragende Säule für unsere Lebensmittelbetriebe geworden«, verriet er mir einstmals im Interview.[8]

***

Während eine Maus im Hintergrund irgendwo an Holz herumnagt, sitzt mir Margarethe Voegele in ihrem Wohnzimmer gegenüber. »Leider sind einige der Mäuse zu intelligent, um in die Falle zu gehen«, bedauert sie. Die Tochter von Immanuel Voegele hat als kleines Kind 1946 das erste Mal Loheland besucht, dort 1960 ihre Gymnastikausbildung begonnen und lebt seitdem mit kurzen Unterbrechungen dort. Ihr Haus steht direkt am Waldrand, wie der Blick aus dem Fenster verrät. So kann es schon mal vorkommen, dass ein vorwitziges Reh in ihrem Garten die Rosenblüten wegknabbert. Landwirte wie ihr Vater machten sich bereits in den 1920ern Sorgen über die abnehmende Bodenfruchtbarkeit. Dem zu der Zeit aufkommenden Kunstdünger stand man kritisch gegenüber. Immanuel Voegele war ein glühender Anhänger der Anthroposophie, und gemeinsam mit einer Gruppe weiterer Landwirte drängte er den Begründer Rudolf Steiner, seinen landwirtschaftlichen Kurs zu veranstalten. Rudolf Steiner war zu diesem Zeitpunkt bereits schwer krank, seine Ehefrau Marie und seine Ärztin Maria Ita Wegmann – zeitlebens ausschließlich Ita Wegmann genannt – seien davon gelinde gesagt aufgrund seines Gesundheitszustandes wenig begeistert gewesen. Schließlich schrieb Immanuel Voegele ihm zusammen mit Erhard Bartsch einen Brief und teilte ihm das breite Interesse einiger Landwirte mit. Rudolf Steiner reagierte zurückhaltend. Ein solcher Kurs sei mit Sicherheit zukünftig einmal notwendig, aber noch nicht tragfähig. Einen weiteren Appell an Rudolf Steiner richtete Immanuel Voegele in seinem Brief vom 24. Januar 1924. Dort schrieb er: »Je mehr ich durch die Geisteswissenschaft auf die Zusammenhänge allen Seins und auf Dinge, über welche die physischen Sinne nichts zu sagen vermögen, aufmerksam gemacht werde, desto mehr empfinde ich die Routine, die sogenannte Tüchtigkeit in der modernen Landwirtschaft als unnatürlich und als ein Vergehen der Natur gegenüber, das ich nicht mitmachen darf, weil ich es nicht zu verantworten können meine.« So bat er Rudolf Steiner, den Landwirten aus der Unsicherheit herauszuhelfen und ihnen den Weg zu weisen. »Sollten dem Landwirt heute schon Dinge aus der Geisteswissenschaft gesagt werden können, mit deren Hilfe er seine Arbeit nach den Gesetzen, die in der Welt bestehen und darin Ausdruck finden sollen, orientieren kann, und sollten Forderungen zu erfüllen sein, die zu solchen Mitteilungen nötig sind, so wag' ich um diesbezügliche Auskunft und wenn es möglich sein sollte, um Zusage zur Abhaltung des landwirtschaftlichen Kurses sehr höflich zu bitten.«[9] Ebendieser Brief bewegte Rudolf Steiner zum Abhalten seines landwirtschaftlichen Kurses und gab den endgültigen Ausschlag, dass dieser zu Pfingsten 1924 schließlich stattfand. Knapp ein Jahr später verstarb Rudolf Steiner.

Doch zurück zu Loheland. »Louise Langaard war es von Anfang an wichtig, die Natur zu pflegen und die dahinter wirksamen göttlichen und geistigen Kräfte zu achten. Für die Gemeinschaft ist es förderlich, eigene Lebensmittel herstellen zu können und das Lebendige in Loheland zu erhalten«, sagt Margarethe Voegele. Erwähnt man das Wort »Präparate«, lächelt sie unmittelbar. Mit Anthroposophie und Präparatearbeit aufgewachsen, hat sie schon als »kleiner Dotz« fleißig mitgerührt. »Jeder einen Eimer vor sich, saßen wir im Kreis, haben gesungen und tiefsinnige Gespräche geführt.« Noch heute ist sie in Sachen Präparatearbeit der Loheland-Gärtnerei verbunden, die sie von 2003 bis 2006 geleitet hat. Schon während ihrer Ausbildung half sie wie damals üblich und selbstverständlich bei Pflanz- und Ernteaktionen mit. Was ihr bei der Gartenarbeit am wichtigsten ist: »Die gute Bodenpflege. Mit allem, was dazugehört, wie das Hacken, um den Boden zu belüften, am wirkungsvollsten per Hand. Und natürlich die intensive Präparatearbeit mit dem

Bemühen, diese Arbeit in Ruhe zu machen und nicht schon an die nächste Aufgabe zu denken, die Präparate in innerer Sammlung auszubringen und die Veränderungen in der Umgebung und an sich selbst wahrzunehmen.«[10]

Allerdings war nicht von Beginn an klar, dass sie dem Ort Loheland so lange die Treue halten würde. Im Grunde schwebte ihr nach der Gymnastikausbildung Anfang der 1960er eine Weltreise vor. Doch ihre Lehrerin meinte, der Unterricht und Loheland insgesamt könnten nur weiter bestehen, wenn junge Menschen blieben. Voegele blieb und hat es bis heute nicht bereut. In den 1970ern besuchte sie regelmäßig im Auftrag der damals ins Alter gekommenen Gärtnerin die Tagungen des Forschungsrings für Biologisch-Dynamische Wirtschaftsweise, der aus dem Versuchsring entstanden war, den schon ihr Vater mitgegründet und dort aktiv mitgestaltet hat. Sie fungierte auch als Verbindungsglied zwischen Gymnastikseminar, Gärtnerei, Landwirtschaft und Küche. Als sie noch Gymnastikunterricht gab, baute sie »nebenbei« die Tagungsstätte Wiesenhaus auf. Früher war die Gemeinschaft in Loheland deutlich größer. Allein das heute nicht mehr existierende Internat nahm 100 Schüler auf, hinzu kamen etliche Auszubildende der damaligen unterschiedlichen handwerklichen Betriebe – und alle waren mit Landwirtschaft und Gärtnerei verbunden. Wenn Margarethe Voegele von diesen Zeiten erzählt, schaut sie ein wenig wehmütig drein. Loheland gelte es für Kinder und Jugendliche zu erhalten, weil dies der perfekte Lernort sei. Speziell durch die Tiere und die landwirtschaftlichen Tätigkeiten fühlen sich die Heranwachsenden damit verbunden. »»Das sind unsere Schweine, die wir füttern. Das ist unser Garten, den wir pflegen. Das ist unser Loheland‹, sagten die Kinder, nachdem das Projekt Lebensraum Schule begann.« Voegele hat die Gartengruppe lange Jahre geführt und bis zum heutigen Tag begleitet. »Ich hoffe, es ist nur vorübergehend, dass das Projekt aus schulischen und personellen Gründen gekürzt ist und die Kinder künftig wieder mehr Zeit im Garten und bei den Tieren verbringen.« Die sinkende Zahl der Mitarbeiter in Garten und

Zwei Generationen, ein Ziel: Margarethe Voegele mit Gärtnerin Inga Koch. Foto: Jens Brehl

Landwirtschaft und die zur Zeit meines Besuchs zurückgefahrenen Aktivitäten der Schüler in diesem Bereich sind für sie nur schwer auszuhalten. Loheland selbst hat schon viele herausfordernde Zeiten überstanden, darunter mehrere Wirtschaftskrisen, einen Weltkrieg und einen breiten gesellschaftlichen Wandel. Die Industrialisierung ist weiter vorangeschritten, der Alltag mitunter dank ständiger Erreichbarkeit hektischer geworden. Margarethe Voegele hofft auf die junge Generation, die sich verstärkt Gemeinschaft wünscht. Eine davon ist vielleicht die Gärtnerin Inga Koch, die ihre Ausbildung in Loheland beendet hat.

***

Zehn Minuten vor der verabredeten Zeit stehe ich vor dem Schweinestall. Die Schweine kuscheln eng aneinander, eines schmatzt genüsslich vor sich hin. Die scheinbar stets gut gelaunte Inga kommt um die Ecke, drückt mich zur Begrüßung herzlich und entführt mich für einen kleinen Rundgang durch die Gärtnerei. Da wir uns schon eine ganze Weile duzen, möchte ich dies im Buch so weiterführen. Nach wenigen Gehminuten empfängt uns eines der ungewöhnlichsten Gewächshäuser, welches in dieser Form wohl niemand im Erwerbsanbau mehr aufstellen würde: Die denkmalgeschützte Konstruktion stammt aus den 1930ern. Das herausstechendste Merkmal ist das spitze Dach. Daneben steht ein Gewächshaus aus den 1970ern. Hier muss man die Fenster per Hand aufkurbeln, automatische Bewässerung Fehlanzeige. Die Gärtnerei ist zwar nur einen Hektar groß, doch in drei verstreute Flächen aufgeteilt. Daher sollte man als Mitarbeiter tunlichst nichts vergessen, ansonsten zelebriert man den Tag der langen Wege. Effektiv ist etwas anderes, auch wenn ein moderner Folientunnel bewirtschaftet wird.

Inga ist ein Großstadtkind aus dem Ruhrpott. Das Studium der Sozialen Arbeit brach sie ab. »Das war so unglaublich theoretisch, dass ich keinen praktischen Bezug gefunden habe.« Zur Gärtnerei ist sie auf Umwegen gekommen. Ihr damaliger Freund absolvierte ein Freiwilliges Ökologisches Jahr auf einem Demeter-Hof im Windrather Tal. »Bei Besuchen habe ich gemerkt, wie sehr mir die Natur gefehlt hat. Außerdem ist es faszinierend, Lebensmittel herzustellen.« So beschloss sie, eine freie Ausbildung in der biologisch-dynamischen Landwirtschaft zu beginnen, und wechselte dabei in den Bereich Gartenbau. Die letzten 18 Lehrmonate verbrachte sie in Loheland. Zu lernen, sich selbst versorgen zu können, war ihr anfänglicher Hintergedanke.

Die Präparatearbeit, das Vorhandensein kosmischer Kräfte – auch sie hatte anfangs damit ihre Schwierigkeiten. »Die neue Generation der Landwirte und Gärtner hat die Aufgabe, die biologisch-dynamische Wirtschaftsweise in die neue Zeit zu bringen. Die Arbeit mit den Präparaten hört sich für viele wie Hokuspokus an, das ging mir ja auch so. Daher müssen wir neue Worte finden, um das Ganze modern zu gestalten.« Dabei gälte es gar nicht, alles umzukrempeln. »Es hört sich nur so alt an, wenn ich Menschen versuche das näherzubringen, was Rudolf Steiner vor fast 100 Jahren gesagt hat.« Nach ihren ersten Jahren Arbeit in der biologisch-dynamischen Landwirtschaft behauptet sie, immer noch nicht alles verstanden zu haben. Kurz gesagt: Die Präparate und Inga befinden sich noch in der Kennenlernphase. In die Gärtnerei möchte sie frischen Wind bringen. Wie schon beschrieben, sind die Flächen derzeit zu klein, um eigenständig wirtschaftlich überleben zu können. Direkt vor Ort lassen sich die Anbauflächen nicht beliebig erweitern, da sie erst durch intensive biologisch-dynamische Arbeit fruchtbar gemacht werden müssen. Dafür braucht es Zeit und vor allem viele Hände. Zumindest die wöchentlich ausgelieferte Gemüsekiste hat Inga eingeführt und damit einige neue Kunden gewonnen. Darüber hinaus hat sie eine seit mindestens 2010 bestehende Idee reaktiviert: Zumindest einen Teil der Gärtnerei möchte sie als Solidarische Landwirtschaft führen. Hierbei versammelt sich um einen landwirtschaftlichen Betrieb eine Gruppe, die sämtliche Kosten finanziert und dafür Ernteanteile erhält. Der Landwirt oder Gärtner kann sich somit ohne wirtschaftlichen (Preis-)Druck zukunftssicher und vom Markt unabhängig um seine eigentliche Aufgabe kümmern: Menschen ökologisch-nachhaltig mit guten Lebensmitteln zu versorgen. Auf Wunsch können sich die Mitglieder auch aktiv einbringen und etwa bei der Ernte helfen (siehe auch nächstes Kapitel »Gemeinsam sind wir stark« ab Seite 43). Auf diese Weise wäre eine finanzielle Sicherheit gegeben. Auch dringend anstehende Investitionen wären somit möglich. Am 18. Juni 2019 fand hierzu ein öffentliches Informationstreffen statt. »Ich unterstütze das Projekt vollständig«, sagte Ursula Grupp, Geschäftsführerin der Loheland-Stiftung, an diesem Abend. Der vom Netzwerk Solidarische Landwirtschaft angereiste Gerrit Jansen schätzte, dass die Gärtnerei etwa 100 Familien mit Gemüse versorgen könne.[11]

Ob das Modell der Solidarischen Landwirtschaft tatsächlich in Loheland Einzug hält, wird sich zeigen. Klar bleibt, dass bei einer über 100 Jahre alten Vision immer wieder neue Wege eingeschlagen werden müssen, um diese am Leben zu erhalten.

Gemeinsam sind wir stark

Solidarische Landwirtschaft Kattendorfer Hof, Schleswig-Holstein

Im Grunde habe ich schon nach einer halben Stunde genug vom Kattendorfer Hof gesehen und könnte den Rest des Tages bei den Ferkeln verbringen. Die sind eine Woche alt, flitzen zwischen den Muttersauen umher und quieken vergnügt. Insgesamt gibt es drei vom Rest des Schweinestalls abgetrennte Buchten, die als »Mutter-Kind-Bereiche« dienen. Ich kann es nicht lassen und strecke meine rechte Hand hinein. Vorsichtig wagt sich ein mutiges Ferkel vor, drück seine Schnauze gegen meine Hand und schnuppert. Weil das kitzelt, muss ich lachen. Weitere Geschwister rücken an und lassen sich streicheln. Eine hektische Bewegung reicht, um die Racker kurz zu verschrecken. Doch wenige Momente später siegt schon wieder die Neugier. Während ich die entspannte Muttersau im Hintergrund betrachte, knabbert ein Ferkel mit viel Freude auf meinen Fingern herum. Ob es wohl auffällt, wenn ich eines mitnehme? Mist, die werden jeden Tag durchgezählt, wie ich wenig später erfahre.

Neben Schweinen gibt es auch Milchkühe, wenige Kilometer entfernt wachsen die Mastbullen auf. Solange es die Witterung erlaubt, sind die Kühe auf der Weide, nur zum Melken geht es in den Stall. Von dort aus können die Tiere jederzeit in einen abgesperrten Außenbereich. Als ich vorbeilaufe, stehen dort ein paar trächtige Kühe. Zum Hof gehören noch Ackerflächen, eine Gärt-

43

Diagnose: neugierig und verschmust. Foto: Jens Brehl

nerei inklusive Gewächshäuser, eine Käserei und eine Fleischerei. Alle Lebensmittel vermarktet der Hof direkt über die eigenen Hofläden und Marktstände, was in der Vergangenheit das Überleben dieser vielfältigen Landwirtschaft gesichert hat – besonders das gelebte Modell der Solidarischen Landwirtschaft (Solawi). Hier zahlen Mitglieder monatlich einen festen Betrag und erhalten dafür einen Ernteanteil. Auf diese Weise können Landwirtinnen und Landwirte ihre Kosten decken und auch direkt auf die Wünsche der Kundinnen und Kunden eingehen, weil nicht mehr »ins Blaue hinein« produziert wird. Im Idealfall findet alles seine Abnehmer. »Kundinnen und Kunden« sind allerdings falsche Begriffe, denn vielmehr ermöglichen die Mitglieder einer Solawi die Höfe und sind somit Teil des Projekts.

Von Geschäftsführer Mathias von Mirbach möchte ich weitere Einzelheiten erfahren und treffe ihn nach seiner Mittagspause in seinem Büro. »Auf dieser Ebene reden wir schon mal gar nicht«, sagt er mit ernstem Gesicht und in festem Ton, nachdem ich ihn zum wiederholten Mal gesiezt habe. »Ich bin der Mathias.« Da wir uns ab diesem Zeitpunkt duzen, werde ich das auch hier so fortführen. Von Arbeit und Sommerhitze sichtlich erschöpft, sitzt er mir gegenüber. Seine grauen Haare sind leicht verwuschelt, was ihm etwas Spitzbübisches verleiht. Eigentlich wollte er Sozialpädagoge werden und absolvierte seinen Zivildienst im Kinderheim – allerdings anders als erwartet in der Rolle des Hausmeisters. Der Berufswunsch verflüchtigte sich, dafür erschien ihm schon bald ein Medizinstudium attraktiv. »Mit einem Abidurchschnitt von 3,2 ein gewagtes Unterfangen«, sagt er lachend. Auch ein Praktikum als Bootsbauer – schließlich arbeitet er gerne handwerklich – brachte ihn nicht weiter. »Eines Morgens bin ich mit dem festen Wunsch aufgewacht, Landwirt zu werden.« Im Januar 1981 begann er ein Praktikum auf einem konventionellen Milchviehbetrieb. Nach drei Wochen war Mathias Feuer und Flamme. »So geht also Leben, habe ich gemerkt. Du bringst ein Tier zum Schlachter, und im selben Moment wird ein Kalb geboren. Du selbst bist mittendrin im Prozess.« Mit seinem Eifer überzeugte er seinen Ausbilder und die Landwirtschaftskammer Niedersachsen, seine Landwirtschaftslehre in 18 Monaten abschließen zu können. Diese sollte er als Zweitbester im Landkreis beenden, und er wusste bereits: Seine Zukunft liegt in der ökologischen Landwirtschaft. Und er wollte studieren.

Mathias wuchs in Norddeutschland auf, als die Atomkraftwerke gebaut wurden, wogegen auch er demonstrierte. »Die Natur zu zerstören ist falsch, und genau das macht das System der konventionellen Landwirtschaft.« Um Ökologische Agrarwissenschaften in Witzenhausen studieren zu können, hätte er einen Abidurchschnitt von 1,4 benötigt. So fand er sich schließlich an der Universität in Göttingen wieder und merkte schnell, dass er am falschen Ort gelandet war. »Das Studium war total praxisfern.« Den Eltern zuliebe quälte er sich zunächst noch eineinhalb Jahre, bevor er die Reißleine zog und auf einem Biolandbetrieb an der Ostsee zu arbeiten begann. Doch auch beim biologisch-organischen Anbau vermisste er etwas, das er selbst zunächst nicht greifen konnte. Von einem Freund erhielt er schließlich Rudolf Steiners Vortragsunterlagen zu den vier Temperamenten. Von dessen Einsichten im Bereich der Pädagogik fasziniert, stürzte sich Mathias auf Steiners landwirtschaftlichen Kurs. »Damals habe ich zwar nichts verstanden, war jedoch vollkommen begeistert.« In der Nähe von Eckernförde heuerte er als Geselle auf einem Demeter-Hof an und bekam für den Gemüseanbau freie Hand. »Ideen müssen für mich immer handfest werden.«

Der Erfolg spornte ihn weiter an, und so absolvierte er einen einjährigen Kurs in biologisch-dynamischer Landwirtschaft auf dem Dottenfelder Hof. Hier regte Wilhelm Ernst Barkhoff, Mitbegründer der ökologischen GLS Bank, Mathias in einem Seminar an, sich ein anderes Wirtschaftssystem vorzustellen. »Die Frage, ob Lebensmittel einen Preis haben, ist bei mir hängen geblieben.« Das Samenkorn, biologisch-dynamische Landwirtschaft unter diesen Gesichtspunkten zu betreiben, war gelegt. Es sollte doch möglich sein, dass um einen Bauernhof herum eine Gemeinschaft entsteht, die die Lebensmittel abnimmt und dafür die Kosten des Hofs trägt. Der Landwirt könnte unabhängig vom Handel auf einer wirtschaftlich sicheren Basis agieren. Preiskämpfe im Supermarkt wären damit passé. Heute ist das Konzept unter dem Begriff Solidarische Landwirtschaft bekannt. Einen solchen Entwurf schrieb Mathias nach dem Studienjahr, als er in zweijähriger Arbeit einen von ihm gepachteten heruntergekommenen Hof bei Cuxhaven wieder auf Vordermann brachte. Doch die Idee blieb zunächst in der Schublade liegen. In der Zwischenzeit machte Mathias seinen Landwirtschaftsmeister und war sogar kurzzeitig im Gespräch, den landwirtschaftlichen Bereich in Loheland (siehe Kapitel »Wenn Utopien wahr werden« ab Seite 32) zu leiten. Doch die Stiftung konnte sich nicht schnell genug entscheiden, und so landete Mathias letztendlich wieder in Norddeutschland.

Am 1. September 1995 pachtete er gemeinsam mit einem Mitstreiter den zuvor konventionell betriebenen Kattendorfer Hof und stellte ihn augenblicklich auf die biologisch-dynamische Wirtschaftsweise um. Im Schweinestall wurden die Spaltenböden versiegelt, denn Schweine mit ihrem guten Geruchssinn über ihren Fäkalien stehend zu halten ist seiner Meinung nach pure Folter. Zudem mussten die Asbestwände raus, und Fenster ersetzten die Glasbausteine. Auch die Lüftung, die bislang den Schweinegeruch über dem Dorf verteilt hatte, musste weichen, und zu guter Letzt verschaffte man den Tieren mehr Platz. Parallel startete der Anbau von Getreide und Gemüse, ein Jahr später zogen die Kühe auf dem Hof ein. Wie sie damals alles finanziell stemmten, kann Mathias nicht mehr genau sagen. »Wir hatten nichts, aber es ging immer irgendwie weiter.«

Doch schon wenige Monate nach dem Start stand das Projekt kurz vor dem Aus. Ursprünglich sollte der Getreideanbau die Haupteinnahmequelle sein. »Doch im Winter 1995/96 zahlten die Demeter-Mühlen deutschlandweit statt 80 Mark für eine Dezitonne Weizen nur noch 60 Mark. Ich kann nicht beweisen, ob die Mühlen damals ein Kartell gebildet haben, es fühlte sich jedoch so an, und wir konnten ab dem Moment nicht mehr wirtschaftlich arbeiten.« Auch die auf dem Hof erzeugte Milch verschaffte keine großen Einnahmen. Da die Molkerei sie mit konventioneller Milch mischte, zahlte sie auch nur den geringeren Preis. Allerdings fristete ja noch eine Idee in der Schublade ein trauriges, weil nicht beachtetes Dasein. Neun Jahre nach seiner ersten Idee traute Mathias sich schließlich 1998, zwei Freundinnen auf der Fahrt nach Hamburg davon zu erzählen. Die waren sofort begeistert, und Mathias hatte im Grunde nichts mehr zu verlieren – er stand schon mit dem Rücken zur Wand. Daher lud er alle Kundinnen und Kunden des damals kleinen Hofladens und alle Freunde ein. Zehn Familien wollten einsteigen, und so traf man sich drei Monate lang jeden Sonntag, um am Konzept zu feilen. »Uns war klar, dass wir ein riesiges Fass aufmachen: Weg von den Handelspreisen, hin zu den wahren Kosten und den Hof unabhängig vom Markt ermöglichen.«

Am 2. Dezember 1998 startete die Revolution. Alle Solawi-Mitglieder konnten ab sofort von den Erzeugnissen des Hofes so viel im Laden abholen, wie sie brauchten. Erwachsene zahlten 100 Mark pro Monat, für Kinder wurde die Hälfte fällig. Es wurden keine Listen geführt, wer was in welchen Mengen mitnahm, alles lief auf Vertrauensbasis. Als Mathias davon erzählt, bekommt er einen völlig entspannten Gesichtsausdruck. Herzugeben, was der Hof produziert, ohne jedes Mal kassieren zu müssen, war befreiend. Ob seine Gutgläubigkeit auch missbraucht wurde? Mathias winkt ab. »Wir machen das jetzt seit über 20 Jahren, und in der Zeit haben wir nur eine Handvoll Leute auf ihr unpassendes Verhalten hingewiesen. Die meisten Menschen möchten ehrlich sein.« Zum Zeitpunkt meines Besuchs hat die Solawi 700 Mitglieder. Mittlerweile gibt es einen definierten Ernteanteil, und die Mitglieder führen Entnahmekarten, die allerdings niemand kontrolliert. Der Demeter-Betrieb Buschberghof in Fuhlenhagen führte 1988 als erster deutscher Betrieb die Solidarische Landwirtschaft ein und gilt als eine der Keimzellen für das Konzept. Der Kattendorfer Hof ist der zweite Betrieb Deutschlands, der das Modell zehn Jahre später umsetzte.

Doch trotz der Solawi-Anfänge am Kattendorfer Hof war der finanzielle Druck noch enorm. »Geld war immer knapp. Daher sind wir auf etliche Wochenmärkte gefahren, um unsere Produkte vielerorts bekannt zu machen.« Ein geschickter Werber lockte Mathias 2002 mit der Aussicht auf einen hohen Umsatz auf einen Landmarkt in Hamburg-Horn. Weil dieser von Freitagnachmittag bis Sonntagnachmittag dauerte, lieh sich Mathias extra ein Kühlfahrzeug und packte Wurst, Käse und Gemüse ein. »Die Leute haben die Probierteller leer gefressen, auf die Preise geschaut, mit dem Kopf geschüttelt und sind weitergegangen.« Am Sonntag waren gerade einmal 300 Euro Umsatz in der Kasse, der Markt drohte zu einem Fiasko zu werden, und Mathias war entsprechend gelaunt. Allerdings sollte an diesem Tag der erste Schritt zum großen Durchbruch des Solawi-Konzepts erfolgen. Wenige Stunden vor Marktschluss lief ein junger Mann am Stand vorbei, blieb stehen und kam noch einmal zurück. Als Mathias ihm erläutern konnte, dass sämtliche Produkte von seinem Hof stammten und sie dort Solawi betrieben, war der Mann begeistert. Sie seien eine Gruppe junger Familien, die wissen wollten, woher ihre Lebensmittel kommen. »Wir kamen dann wenig später mit einem Musterkoffer unserer Lebensmittel in eine brechend volle Wohnung. Die Erwachsenen waren Anfang bis Mitte dreißig, und dazwischen wuselten Kinder umher.« Am Ende des Abends bildeten die Anwesenden eine Einkaufsgemeinschaft, eine sogenannte Food Coop. Die selbst organisierte Gruppe holte die Lebensmittel am Marktstand ab und deponierte diese in eigens dafür angemieteten Räumen, in welchem Kühlschränke stehen. Jedes Mitglied zahlt einen festen Betrag an den Kattendorfer Hof. Im Spätsommer 2019 gab es bereits elf solcher Gruppen. Ab einem bestimmten Zeitpunkt schaffte der Hof einen eigenen LKW an und liefert die Lebensmittel seitdem in den entsprechenden Lagerräumen an. Die vielfältige Produktpalette des Hofs war ein wichtiger Baustein, um so viele Menschen begeistern zu können. »Ich muss immer wissen, warum und für wen ich etwas mache. Wir haben den klar formulierten Auftrag, unter bestmöglichen ökologischen Bedingungen Lebensmittel zu produzieren.« Die Solawi-Mitglieder und die Food Coops können sich auch bei der Ernte von Zwiebeln, Kartoffeln und Möhren freiwillig einbringen.

»Ohne Solidarische Landwirtschaft gäbe es den Hof in seiner vielfältigen Form schon lange nicht mehr.« Spätestens im Herbst 2002 wäre Schluss gewesen, obwohl sich gerade die erste Food Coop in Hamburg gegründet hatte und es endlich bergauf ging. Am 7. Oktober löste jedoch ein Handwerker auf dem Dachboden des Schweinestalls eine Staubexplosion aus. Das komplette Winterfutter ging in Flammen auf, die Käserei hatte einen Wasserschaden, der Hofladen war vollkommen verqualmt. Glück im Unglück: Lediglich ein Schwein erlitt einen Herzschlag. Am nächsten Tag stand ein Verkaufswagen vor der Ruine, damit Kunden, Kundinnen und Solawi-Mitglieder ihre Lebensmittel abholen konnten. Grundtenor: »Ihr macht mit dem Hof weiter, und wir helfen euch!« Eine Frau aus dem Dorf gab 20.000 Euro, wollte dafür keine Zinsen, sondern hat das Geld im Laufe der Jahre sozusagen »abgegessen«. Blöderweise fliegt mir just in dem Moment, als Mathias mir davon erzählt, etwas in die Augen. Mit dem Handrücken reibe ich mir die Tränen aus dem Gesicht.

Hilfe war damals bitter nötig. Ein Jahr zuvor war der Mitgründer ausgestiegen und forderte nun seine damalige Investitionssumme zurück. Nach dem Brand verlangte die Bank ihren Erntekredit in Höhe von 50.000 Euro innerhalb von drei Wochen zurück, schließlich sei der Hof nicht mehr kreditwürdig. Mathias tingelte zu Freunden und Solawi-Mitgliedern und brachte das Geld tatsächlich auf. Etwas verwirrt frage ich nach, ob die Feuerversicherung nicht eingesprungen sei. Tatsächlich hatte sie sich zunächst geweigert, die zustehenden 40.000 Euro auszuzahlen. Doch sie hatte nicht damit gerechnet, dass unter den Solawi-Mitgliedern auch etliche Medienschaffende waren. »Einer war Kameramann beim ZDF, und es gab bereits grünes Licht, um über unseren Fall zu berichten. Der Versicherung machte ich telefonisch klar, dass im Fernsehbeitrag auch ihr Name erwähnt werden würde. Bis zum nächsten Vormittag um elf Uhr gab ich Bedenkzeit, sich verbindlich bei mir zu melden.« Doch am nächsten Morgen war er telefonisch schwierig zu erreichen. »Als wir miteinander sprachen, waren die von der Versicherung schon panisch.« Mathias erzählt von dem Vorfall ohne Häme oder Stolz. Es war ihm unangenehm, zu solch einem Mittel greifen zu müssen. Das Ganze muss ich erst einmal verarbeiten. Wieder wird mir klar, wie derzeitige Marktmechanismen, bei denen jeder nur seine Vorteile und Gewinnmaximierung im Blick hat, die ökologische Agrarwende gefährden.

***

Weg von Verkaufspreisen, hin zu den wahren Kosten – Mathias von Mirbach hat das geschafft. Foto: Jens Brehl

An meinem zweiten Tag auf dem Kattendorfer Hof nehme ich am morgendlichen Arbeitskreis teil. Um Punkt neun Uhr versammeln sich die Mitarbeiterinnen und Mitarbeiter des Hofes. Zunächst wird gesungen. Aus Angst, die Kühe würden keine Milch mehr geben, traue ich mich nicht mitzumachen. Wer mich schon einmal singen gehört hat, weiß, wovon ich rede. Nach dem Lied liest Mathias eine Bibelstelle vor. Später erklärt er mir, dass sich bei den Treffen die Teilnehmerinnen und Teilnehmer zunächst einmal zentrieren und alle im besten Fall eine gemeinsame Ebene finden sollen. Ansonsten würden die meisten nur daran denken, was sie heute alles erledigen müssen. Ein Hof besteht eben nicht nur aus Tieren, Gebäuden und Maschinen, sondern aus einer Gemeinschaft. In wenigen Minuten ist klar, was heute ansteht und was den Mitarbeiterinnen und Mitarbeitern unter den Nägeln brennt. Nachdem alles geklärt ist, geht es entweder zurück in den Stall, in die Gärtnerei oder aufs Feld. Da ich an diesem Morgen ein echtes Luxusfrühstück mit auf dem Hof handwerklich hergestellter Butter und Käse genossen habe, möchte

Auch das Verpacken der Butter ist Handarbeit. Foto: Jens Brehl

ich einen Blick in die Käserei werfen. Neben vielfältigem Gemüse ist die volle Palette an Fleisch-, aber auch Molkereiprodukten ein weiteres Erfolgsgeheimnis der Solawi auf dem Kattendorfer Hof.

Da ich einen Hygienebereich betrete, trage ich Gummischlappen. Unter dem Baumwollkittel schwitze ich aus allen Poren, und eine formschöne Haube ziert meinen Kopf. Hätte ich die Käserei mit Straßenkleidung betreten, wäre ich hochkant wieder rausgeflogen. Das Reinigen von Raum und Geräten nimmt die Hälfte der Arbeitszeit in Anspruch. Schließlich dürfen kein Schimmel, Hefen oder Bakterien eingeschleppt werden.

Am Butterfass steht Hubert Zehnle, im Fass selbst befinden sich gelbe Kügelchen, die an sehr groben Sand erinnern. Damit daraus Butter entsteht, startet er die Zentrifuge und wirft immer wieder einen prüfenden Blick durch ein seitlich angebrachtes Kontrollfenster. Bei jeder Umdrehung schwappt überschüssiges Wasser heraus, und am Ende ist die Buttermasse verdichtet. Für eine Pause hat Zehnle keine Zeit, er schöpft mit einer kleinen Schaufel – die mich

Wertschöpfung im wahrsten
Sinne des Wortes: Hubert Zehnle
bei der Arbeit. Foto: Jens Brehl

an eine Kehrschaufel erinnert – aus einem riesigen Bottich Frischkäse in mit Tüchern ausgelegte Drahtkörbe. Dabei geht er behutsam vor, als würde er mit rohen Eiern hantieren. Die weiße Käsemasse muss beim Schöpfen intakt bleiben. Die abtropfende Molke fängt er auf. Via Pumpe gelangt sie in zwei Lagertanks über den Schweinestall. Molkeeiweiß ist nicht nur gesund, die Schweine sind darauf auch besonders scharf. »Ansonsten müssten wir die Molke als Sonderabfall entsorgen«, erklärt mir Zehnle, und ich schüttele den Kopf. Wie kann denn ein Lebensmittel aus ökologischer Landwirtschaft Sondermüll sein? »Der ph-Wert liegt bei 4,5 Prozent, daher darf die Molke nicht in die Kanalisation gelangen. Am Ende würde das Klärwerk kippen.« Alternativ könnte man auch Ricotta daraus herstellen, allerdings bleibt dafür angesichts der Vielfalt an Molkereiprodukten auf dem Hof keine Zeit.

Apropos Zeit (und ja, ich bin ein Meister der Überleitung): In Sachen Solidarische Landwirtschaft war und ist Mathias auch politisch unterwegs. Auf dem Hofgut Oberfeld in Darmstadt hielt er 2010 einen Vortrag über Kuhaktien, über die man sich an einer Kuhherde beteiligen kann, wofür man eine Dividende in Form von Geld oder aber Naturalien bekommt. Anwesend war auch Dr. Rolf Künnemann vom FoodFirst Informations- und Aktions-Netzwerk (FIAN), welches sich weltweit für das Umsetzen des Menschenrechts auf angemessene Nahrung engagiert. Künnemann machte Mathias klar, dass er das Thema Solawi noch weiter in die Öffentlichkeit tragen müsse. Zunächst hielt Mathias an der Attac Sommerakademie in Hamburg-Bergedorf einen Vortrag. Spätestens jetzt rückte die Vernetzungsarbeit in den Fokus. Künnemann und Mathias brachten im Sommer 2011 Interessentinnen und Akteure in der Jugendherberge Kassel zusammen. Damals waren in Deutschland bereits etwa 14 Solawis aktiv. Noch im Juli gründete sich das bundesweite Netzwerk Solidarische Landwirtschaft. »Wir wollten politisch etwas verändern, und ich habe jede Möglichkeit genutzt, um von Solawi zu erzählen.« Die Beharrlichkeit sollte sich auszahlen.

Wer den aktuellen Koalitionsvertrag der Bundesregierung gelesen hat, hat sich vielleicht schon verwundert die Augen gerieben – und zwar nicht nur, weil das etliche Jahre alte Vorhaben, den Anteil der Ökofläche in Deutschland auf 20 Prozent zu erhöhen, mit dem Jahr 2030 endlich ein Zieldatum bekommen hat. Gleich danach liest man folgenden Satz: »Wir wollen im Rahmen der Modell- und Demonstrationsprojekte (Best-Practice) Vorhaben zur regionalen Wertschöpfung und Vermarktung fördern, z. B. Netzwerk Solidarische Landwirtschaft (Solawi).« Ob Mathias und seine Mitstreiter Bundestagsabgeordnete mit Koffern voller Karotten bestochen haben?

Am ersten Fachtag Solidarische Landwirtschaft Ende Januar 2018 nahmen auch die agrarpolitischen Sprecher Friedrich Ostendorff (Grüne), Dr. Kirsten Tackmann (Linke) und Rainer Spiering (SPD) teil. Spiering ist die Veranstaltung als ziemlich anstrengend im Gedächtnis geblieben, da er dort als vermeintlicher Technokrat »unter Feuer geriet«. »Am Ende des Tages hatte mich der Leitgedanke der Solawi fasziniert.« Er besuchte den Kattendorfer Hof, traf und trifft sich auch heute mit Akteurinnen und Akteuren aus der Solawi-Szene. Schließlich sorgte er für die Aufnahme des oben genannten Abschnitts in den Koalitionsvertrag, der Anfang Februar 2018 beschlossen wurde. Nun gilt es, Brücken zwischen den sehr engagierten und überzeugten Aktivistinnen und Aktivisten zu bauen, die neue Wege gehen und das System und behördliche Arbeitsweisen auf den Kopf stellen wollen. Das Bundesministerium für Ernährung und Landwirtschaft und die Solawi-Bewegung befänden sich weiter im Annäherungsprozess. »Man muss sich noch besser kennenlernen, wir sind aber auf einem guten Weg – und es wird auch Fördermittel geben«, bekräftigt Spiering. Bei guten Absichten soll es definitiv nicht bleiben. Allerdings erteilte auf dem zweiten Fachtag in Berlin Uwe Feiler, Staatssekretär des Bundesministeriums für Ernährung und Landwirtschaft, speziellen Solawi-Förderprogrammen eine definitive Absage – man solle bestehende Möglichkeiten nutzen.[12] »Egal, ob ein halber Hektar oder 400, Solawi ist keine Frage der Betriebsgröße«, sagt Mathias. »Unser gemeinsames Ziel ist die ökologische Agrarwende!«

_____ Das Interview mit Rainer Spiering habe ich am 22. Oktober 2019 telefonisch geführt. Den Kattendorfer Hof habe ich zwei Tage lang besucht und hatte in der Zeit freie Kost und Logis. Vielen Dank für die Gastfreundschaft!

Back Brot, Heinz!

Weichardt-Brot, Berlin

Weichardt-Brot in Berlin während der Vorweihnachtszeit zu besuchen war extrem klug. Gemeinsam mit Geschäftsführerin Yvonne Neumann stehe ich im »Schokoladenraum« und kann mich im wahrsten Sinne des Wortes kaum sattsehen. Vor mir auf dem Tisch liegen verführerische Mohnstollen – von denen ich später auch noch einen essen werde –, und Bäcker Hagen Stegemann überzieht Honigkuchenherzen mit Schokolade. Den Teig haben die Bäcker schon im Sommer hergestellt und ihn danach kühl gelagert. Somit ist er nicht nur perfekt durchgezogen, man benötigt später beim Backen auch nur die Hälfte an Triebmitteln. Das ist ein perfektes Beispiel, wie ernst man es bei Weichardt mit dem Handwerk nimmt. Wie Yvonnes Eltern, Heinz und Monika Weichardt, die Demeter-Bäckerei 1977 in Berlin gründeten, ist eine der verrücktesten Geschichten, die ich je gehört habe.

Die 17-jährige Monika lernte Antiquitätenkauffrau, als sie den Konditormeister Heinz, der damals in einer Pralinenfabrik arbeitete, zum ersten Mal traf. »Ich habe mich in ihn und seine Arbeit verliebt«, sagt sie rückblickend. Kurz gesagt, ist es der Klassiker: Frau mit Schokolade verführt. Bald heirateten die beiden, doch in Westberlin wurde es ihnen zu eng – sie wollten raus in die Welt. Gelandet sind sie am Bodensee, wo Heinz als Konditormeister arbeitete und Monika Geschäftsführerin eines schicken Schuhladens war. Dort

Honigkuchen trifft Schokolade. Foto: Jens Brehl

Heinz und Monika Weichardt, die Gründer der Demeter-Bäckerei, hier mit Tochter Yvonne Neumann, der heutigen Geschäftsführerin. Foto: Jens Brehl

wunderte sie sich über die jungen Leute mit sehr viel Geld, die teure Schuhe kauften. Später fanden die beiden heraus, dass der Handel mit Drogen im Spiel war. »Das hat uns sehr berührt«, sagt Monika. Rückblickend betrachten sich beide zu der Zeit noch als Spießer, doch ihre soziale Ader brach sich Bahn. Zu diesem Zeitpunkt war Monika mit Tochter Yvonne schwanger. »Wir schenken einem Kind das Leben, aber wie leben wir eigentlich?«, fragten sich die werdenden Eltern. Das Vorhaben, Menschen helfen zu wollen, nahm Gestalt an.

Durch »Zufall« lernten sie jemanden kennen, der eine anthroposophische Drogenklinik aufbauen wollte. Von heute auf morgen kündigten beide ihre sicheren und gut bezahlten Arbeitsplätze und gründeten 1972 gemeinsam mit weiteren Mitstreiterinnen und Mitstreitern die sozialtherapeutische Einrichtung Sieben Zwerge. Monika organisierte als Geschäftsführerin des Vereins das Büro, Heinz arbeite als Koch. Nebenbei halfen sie, die Patienten zu betreuen. »Davon hatten wir zwar keine Ahnung, aber schließlich war das menschliche Miteinander das Wichtigste«, sagt Heinz. »Wir wollten das Richtige tun«, ergänzt Monika. Der Lohn war Kost und Logis. »Wir haben von zwei Mark 50 pro Tag gelebt, aber wir haben sehr von den Jahren dort profitiert«, sagt Monika. Es sei ein wundervolles Gefühl, wenn ein Patient noch vier Wochen zuvor völlig am Boden gewesen sei und dann selbstbewusst alleine die Küche schmiss. »Wer mit Heinz in der Küche gearbeitet hat, war ruckzuck wieder auf dem Dampfer. Wir haben Menschen geholfen, wieder auf den ›richtigen Weg‹ zu kommen, und das ist sehr befriedigend«, erklärt Monika.

Doch nach viereinhalb Jahren ging die Zeit am Bodensee für beide zu Ende. Monikas Vater erkrankte schwer, und so war es an der Zeit, nach Berlin zurückzukehren und in der Familie zu helfen. Heinz arbeitete wieder als Konditormeister in seiner alten Pralinenfabrik. In Berlin sollte Tochter Yvonne auch endlich getauft werden. In einem Gespräch trat der Pfarrer mit einer ungewöhnlichen Bitte an Heinz heran. Ob er denn nicht Brot backen könne, da es in Westberlin kein vernünftiges gebe. Heinz lehnte ab, schließlich hatte er als Konditormeister keine Ahnung vom Brotbacken. Doch die Ermutigungen hörten nicht auf. Wenig später bei der Arbeit überzog Heinz am Fabrikband maschinell Pralinen mit Schokolade. Seinem Lehrling erklärte er, wie die Arbeitsschritte handwerklich vonstattengehen würden. Der Chef pflaumte ihn daraufhin an, er solle keine unnützen Vorträge halten. Heinz bekam vor Ärger im wahrsten Sinne des Wortes einen dicken Hals und konnte bald nicht mehr schlucken. Der zurate gezogene anthroposophische Arzt riet zur Genesung, dass Heinz endlich beginnen solle, Brot zu backen. Zwei Tage später kochte Heinz im Waldorfkindergarten, als ihn eine Erzieherin fragte, ob er für die Kinder Brot backen könne. Für Monika war die Sache spätestens jetzt glasklar: Das ist ein Auftrag!

Daher fackelte sie nicht lange, sondern rief direkt das Institut für Biologisch-Dynamische Forschung in Darmstadt an und erkundigte sich nach Brotbackkursen. Bereits am nächsten Wochenende fand einer statt. Ada Porkony weihte Heinz also in das Geheimnis von Bio-Backferment ein. Monika schrieb jeden noch so kleinen Arbeitsschritt mit. Die Grundlage ist ein Ansatz mit Kichererbsenmehl, Weizenschrot und Honig. Es bildet sich eine milde Milchsäure, die das Brot besonders bekömmlich macht. Auf die Zugabe von Hefe wird verzichtet. Allerdings ist das angesetzte Backferment extrem empfindlich, und so muss der Raum penibel rein sein. Allein schon eine offene Colaflasche oder Ausdünstungen von Essigreiniger unterdrücken die Milchsäure. In ihrer späteren Bäckerei mussten Heinz und Monika daher besonders streng sein – die Mitarbeiterinnen und Mitarbeiter durften noch nicht einmal Parfüm tragen oder ihre Kleidung mit Weichspüler waschen. Als sie kurzzeitig auch Sauerteig nutzten, litten die Backfermentbrote geschmacklich sehr.

Doch nach dem Brotbackkurs waren die beiden noch lange nicht so weit. Während der Heimfahrt nach Berlin überlegten sie, wie sie eine Demeter-Vollkornbäckerei eröffnen könnten. Gespartes war nicht vorhanden, schließlich hatten sie in den Jahren zuvor nur für Kost und Logis gearbeitet. Von der Drogenklinik »Sieben Zwerge« bekamen sie immerhin 500 Mark als Starthilfe ausgezahlt, doch alleine schon die neue Wohnung in Berlin kostete 250 Mark Miete im Monat. Seinen Chef in der Großkonditorei bat Heinz um einen Kredit von 800 Mark, der das Vorhaben alleine allerdings auch nicht voranbringen konnte. Zudem lief ein Termin bei der Berliner Handwerkskammer, um Startgeld vom Senat zu erhalten, schlecht. Heinz konnte dem Beamten keine Rentabilitätsbescheinigung vorlegen, sodass dieser am Erfolg einer Vollkornbäckerei stark zweifelte.

»Ich habe es aber nicht eingesehen aufzugeben«, sagt Monika trotzig. Als sie ihre Tochter vom Waldorfkindergarten abholte, kam sie mit einer anderen Mutter ins Gespräch und erzählte ihr von den Schwierigkeiten. Am nächsten Tag bot diese gemeinsam mit

Demeter-Getreide erreicht Westberlin.
Foto: Weichardt-Brot

ihrem Mann einen Kredit von 10.000 Mark an, weil sie das Vorhaben unterstützen wollten. Am Ende trauten sich Heinz und Monika, 8.000 Mark anzunehmen, und kauften davon eine Futtermühle, Backformen, Gärkörbchen und weitere Zutaten. Blieb nur ein Problem: In ganz Westberlin gab es kein Demeter-Getreide. Hinzu kam die Verordnung, dass alle Berliner Bäcker 75 Prozent ihres Mehlbedarfs aus der sogenannten Senatseinlage beziehen mussten. Das war bis zu drei Jahre lang gelagertes Mehl, welches nicht nur kaum noch Aroma besaß, sondern zudem mit chemischen Lagerschutzmitteln behandelt war. »Deshalb hat das Brot in Westberlin auch so scheiße geschmeckt«, sagt Monika trocken. Die Lebensmittelvorräte waren angelegt worden, falls die DDR die Grenzen dichtmachen würde. Tatsächlich erwirkten die beiden eine Ausnahmegenehmigung, um Getreide einzuführen. Mit einem von Freunden geliehenen alten Bulli ging es zum Bauckhof in Stütensen. Bei den Grenzkontrollen gab es zum Glück keine Probleme.

In Spandau kamen sie dank eines Tipps des anthroposophischen Arztes, den Heinz bezüglich seines geschwollenen Halses aufgesucht hatte, zur Untermiete in einer Konditorei unter und backten nachts die ersten Brote. Am Morgen durfte kein Hauch Mehlstaub mehr herumliegen, denn wie Heinz mir erklärt, sind Konditoren pingelig. Und dabei staubte die Futtermühle kräftig. Tagsüber verkaufte Monika aus einem alten R4 heraus vor den drei Waldorfkindergärten und belieferte die ersten interessierten Bio-Läden und Reformhäuser. Anfangs arbeitete Heinz zusätzlich tagsüber noch in der Großkonditorei. Eine körperliche Zerreißprobe, und auch mit ihrem Vermieter sollte es nur wenige Monate gut gehen. Zum Glück besaß ein Kunde ein Haus in Zehlendorf, in dem eine Bäckerei untergebracht war. Das Bäckerehepaar war weit über 70 Jahre alt und sollte schon längst in den Ruhestand gehen. Dieses Mal war es kein Problem, von der Handwerkskammer einen zinsgünstigen Kredit über 40.000 Mark zu erhalten, obwohl Heinz wieder demselben Beamten gegenübersaß, der ursprünglich nicht an dessen Erfolg geglaubt hatte. Mittlerweile war er allerdings restlos vom Brot begeistert, stellte keine Fragen mehr und winkte das Vorhaben quasi durch. Nur noch schnell ein paar Formulare ausfüllen, unterschreiben, fertig. Für Heinz und Monika hieß es dann Ärmel hochkrempeln und zwei Wochen lang die völlig verdreckte Bäckerei wieder auf Vordermann bringen.

Bald sollte auch eine neue Getreidemühle mit einem Mahlstein aus den Sextener Dolomiten Einzug halten, auf die Heinz heute noch besonders stolz ist und von der es mittlerweile in der Backstube drei Exemplare gibt. Das Getreide wird bei neunzig Umdrehungen in der Minute besonders schonend gemahlen. Bei Vollkorn bleibt der an Nährstoffen reiche Keimling erhalten. Dieser muss bei schnelleren Mühlen entfernt werden, weil das Mehl aufgrund der Reibungshitze ansonsten schnell ranzig werden würde. Der Abrieb der Mahlsteine mit ihren feinen Einschlüssen unterschiedli-

Auf die Getreidemühlen mit ihren speziellen Mahlsteinen ist Heinz noch heute stolz. Foto: Jens Brehl

cher Quarze setzt in Spuren wertvolle Mineralstoffe frei. Die Gehäuse sind aus Zirbelholz, dessen ätherische Öle Mehlmotten fernhalten.

Nach wenigen Jahren wurde es dem Hausbesitzer aber im wahrsten Sinne des Wortes zu bunt, da die Weichardts immer eine äußerst lebhafte Truppe als Helferinnen und Helfer hatten. Der Impuls, andere zu unterstützen, war immer noch stark ausgeprägt, und so bekamen bei den Weichardts Menschen eine Chance, die nicht immer die Gewinner der Gesellschaft waren. Eine Mitarbeiterin hatten sie beispielsweise mehr oder weniger von der Straße aufgelesen. Sie arbeitete über Jahre in der Bäckerei zuverlässig mit. Als sich bei ihr der Berufswunsch Kindergärtnerin entwickelte, schenkten ihr Heinz und Monika für den Start 5.000 Mark. Ich schüttele verdattert den Kopf. »Das hat uns große Freude bereitet«, erklärt mir Monika, während Heinz zustimmend nickt. Doch zuvor flogen sie aus ihrer Zehlendorfer Bäckerei raus. Schließlich zogen sie 1980 in

Lange waren Heinz und Monika Weichardt die einzigen Öko-Bäcker in Westberlin. Foto: Jens Brehl

den heutigen Standort in Wilmersdorf ein, nahmen einen Kredit in Höhe von 500.000 Mark auf und sanierten die heruntergekommene Bäckerei von Grund auf. Der Erfolg der Bio-Brote zeichnete sich schon lange immer stärker ab, schließlich waren Heinz und Monika die einzigen ökologischen Bäcker in Westberlin. In der Bio-Szene und darüber hinaus waren sie bald stadtbekannt. Teilweise standen die Kundinnen und Kunden bis auf den Bürgersteig Schlange.

Weichardts verdienten schnell viel Geld und verteilten es mit Freude weiter. Anfangs erhielt ein Lehrling das gleiche Gehalt wie der Geschäftsführer. Dem kulturtherapeutischen Dorf Melchiorsgrund im hessischen Vogelsberg spendeten sie 100.000 Mark für einen neuen Kuhstall, denn dort arbeiten Suchtkranke unter anderem in der angeschlossenen Demeter-Landwirtschaft mit.[13] Jahrelang pendelten sie zwischen Berlin und Vogelsberg und stellten in ihrer Bäckerei auch ehemalige Patientinnen und Patienten ein, um ihnen den Start in ein neues Leben zu ermöglichen. Selbst einem sechzigjährigen und stark an Diabetes erkrankten Bäcker gaben sie einen Arbeitsplatz, damit er seine letzten drei Jahre bis zur Rente ableisten konnte.

Ob ihre Gutmütigkeit auch ausgenutzt wurde? »Natürlich wurden wir auch abgezockt, weil wir niemanden im Preis drücken wollten.« So märchenhaft das alles klingt, darf man nicht vergessen, dass Monika und Heinz wie die Verrückten geschuftet haben. Ein 16-Stunden-Tag war eher die Regel als die Ausnahme. »Wir haben für die Sache gebrannt und hatten daher immer genügend Kraft«, sagt Monika und prustet auf einmal los. »Da wir nicht nur zusammen gelebt, sondern auch gearbeitet haben, sind Heinz und ich im Grunde keine 54, sondern 108 Jahre verheiratet.«

Doch schon bald folgte auch für Weichardt-Brot die Wende, als die Mauer fiel. Zunehmend bekamen sie Konkurrenz durch andere Bio-Bäcker, die günstiger produzieren konnten und auch heute noch können. Auch ehemalige Lehrlinge machten sich selbstständig, und selbst die Münchner Hofpfisterei (siehe Kapitel »Mit Laib und Seele« ab Seite 69) liefert bis nach Berlin. Darüber hinaus bieten Discounter mittlerweile oft Bio-Brot an. Der Umsatz ging merklich zurück, und es folgten schwierige Zeiten. »Heute produziert eine Backstraße mit zwei Aushilfen 3.000 Brote die Stunde, bei uns ist alles Handarbeit«, erklärt Heinz. »Wir haben die letzten Jahre immer in den Betrieb reinbuttern müssen, um ihn zu erhalten. Unsere Lebens- und Rentenversicherung stecken hier drin. Wir können einfach nicht so wirtschaftlich arbeiten, wie wir es müssten. Wir sind immer im Minus, und das macht im Grunde kein Mensch heute mehr mit.«

Die Mitarbeiterinnen und Mitarbeiter habe man dennoch zu jeder Zeit nach Tarif bezahlt. Das Handwerk soll auf jeden Fall erhalten bleiben. Die einzigen Maschinen, die Monika »erlaubt« hatte, waren Kneter und Brötchenpresse. Aufgrund der großzügigen Spenden in der Vergangenheit fehlte ein finanzieller Puffer, und Investitionen waren nur mittels Kredit möglich. »Es war damals gut gemeint, und meine Eltern dachten, es gehe immer so weiter«, sagt Yvonne ernst. Über Jahre konnte sich Weichardt-Brot einen Vorsprung sichern und sollte aus meiner Sicht nicht am Existenzminimum wirtschaften, sondern Marktführer in Berlin sein. Die Produktionsmenge eines handwerklich arbeitenden Bäckers lässt sich nicht beliebig steigern, alles braucht nun einmal seine Zeit – Weichardts geben ihrem Brotteig 20 Stunden. Aber sie hätten doch weitere Produktionsstätten eröffnen können? Okay, der Beruf ist derzeit alles andere als populär, und gute Fachkräfte werden daher in vielen Regionen händeringend gesucht – aber warum nicht? »Wir wollen gar nicht weiter wachsen. Es ist doch die Krankheit unserer Welt, dass immer alles wachsen muss«, sagt Monika. »Wir haben nicht auf das wirtschaftliche Wachstum unseres Unternehmens geschaut, sondern uns auf den Sinn unserer Arbeit konzentriert. Wenn es nur nach dem Geld gegangen wäre, hätte uns das niemals so glücklich gemacht, wie wir sind«, ergänzt Heinz.

Als ich etliche Wochen vor meinem Besuch mit Yvonne ein telefonisches Vorgespräch führte und dabei meine ersten Fragen stellte, stand noch nicht fest, ob ich mir die Bäckerei würde anschauen können. Yvonne klang vollkommen abgehetzt und konnte teilweise nur vier Stunden pro Nacht schlafen, weil sie ausgefallenes Personal ersetzen musste. »Die Tradition ist schützenswert und die Arbeit sinnstiftend, weil sie richtig und gut ist. Der Fluch ist, davon nicht ausreichend leben zu können.« Daher freut es mich, dass wir einen Termin gefunden haben, zu dem Heinz und Monika extra angereist sind, da die beiden mittlerweile in Travemünde leben. Einen Sack Flöhe zu hüten ist allerdings einfacher, als sich gemeinsam mit ihnen die Bäckerei anzuschauen und Interviews zu führen: Nicht nur Yvonne ist ständig dabei aktiv mitzuarbeiten und Anweisungen zu geben, sondern auch die beiden Gründer. Heinz hält einem Kunden die Tür auf, berät einen anderen bei dessen Einkauf und bekommt schließlich das klingelnde Telefon in die Hand gedrückt. Ein Stammkunde ist extra später als üblich zum Kaffeetrinken ge-

Auch als Geschäftsführerin arbeitet Yvonne aktiv in der Backstube mit. Foto: Jens Brehl

kommen, da er Monika und Heinz unbedingt treffen wollte. »Neben dem Bäckerhandwerk erfüllen wir auch eine soziale Aufgabe«, erklärt Yvonne. »Der einzige Gesprächskontakt für viele alleinstehende alte Menschen ist bei uns, und das soll erhalten bleiben. Die meisten Kunden können wir mit Namen begrüßen.«

Eigentlich wollte Yvonne Logopädin werden. Die zweijährige Wartezeit für die schulische Ausbildung überbrückte sie mit einer Bäckerlehre im elterlichen Betrieb und blieb schließlich hier hängen. Schon als Kind spielte sie regelmäßig in der Backstube. »Die armen Bäcker mussten sich auch immer meine Fortschritte auf der Blockflöte anhören«, sagt sie lachend. Nach ihrer Ausbildung arbeitete sie für kurze Zeit in einem zwar handwerklich orientierten, aber konventionellen Betrieb. »Gegessen habe ich da nichts.« Eines Tages sollte sie Käsekuchen backen und war bereits auf dem Weg zum

Kühlschrank, um sich die Zutaten zu besorgen. Der Chef pfiff sie zurück und schickte sie ins Trockenlager, wo die Säcke mit dem »Käse-Fix« standen. »Da gibst du nur noch Wasser dazu, rührst, wartest eine halbe Stunde, und fertig. Nix mit Quark, Eiern und Mehl. Das war echt gruselig.« Bereits 1990 waren also Convenience-Produkte und Fertigmischungen verbreitet, was mich persönlich dann doch erstaunt. Yvonne winkt ab. Auch heute setzen einige Bio-Bäcker fertige Backmischungen ein oder backen Tiefkühlteiglinge aus Polen oder China auf. »Das Handwerk ist dann nur noch Fassade.« Doch gerade das Abkürzen der natürlichen Prozesse beim Teiggehen und später beim Backen würde zu Unverträglichkeiten führen.

Obwohl die Konkurrenz spürbar zugenommen hat, setzt sich Yvonne dafür ein, dass auch konventionelle Bäckereien auf bio umstellen, »weil wir unsere Welt schließlich erhalten wollen«. Gemeinsam mit den Öko-Bäckern in Berlin gibt es regelmäßige Aktionen wie die Woche der offenen Backstuben. Bei Weichardts können Kinder dann Brötchen backen, bei Führungen erklären die Bäcker die Vorteile der eigenen Mühlen und zeigen schließlich jeden Winkel ihrer Wirkungsstätte. Zusätzlich sind regelmäßig Schulklassen zu Gast. Damit hofft Yvonne schon früh ein Bewusstsein für gesunde Lebensmittel zu schaffen und die Kundinnen und Kunden von morgen zu gewinnen.

Sind Weichardts Dinosaurier kurz vor dem Aussterben? Ich hoffe nicht. Noch steht keine weitere Generation in den Startlöchern, und erst die nächsten Jahre werden zeigen, wie wirtschaftlich die Bäckerei agieren kann. Da Heinz und Monika ihren Bauernhof verkauft haben, ist die Bäckerei endlich schuldenfrei und muss auch nicht mehr die Rente für die Gründer erwirtschaften. »Wir können in unserer Nische nur bestehen, da wir traditionell arbeiten und unser Getreide selbst mahlen«, sagt Yvonne, die trotz des ganzen Stresses, den die Bäckerei mit sich bringt, nach wie vor hoch motiviert ist. »Wir tun hier ja das Richtige«, sagt sie abschließend.

Mit Laib und Seele

Hofpfisterei, Bayern

Bio-Lebensmittel mitten in der Stadt zu produzieren übt auf mich eine gewisse Faszination aus. Seit mehreren Jahren bin ich in dieser Hinsicht kein reiner Schreibtischtäter mehr, sondern aktiver Hobbygärtner in einem Gemeinschaftsgartenprojekt in meiner Heimatstadt Fulda.[14] Daher freue ich mich schon seit Wochen auf den Besuch in der Hofpfisterei. Die liegt nur wenige Stationen mit der Tram vom Hauptbahnhof entfernt mitten in München. Pro Nacht verlassen 20.000 Brote die Bäckerei, in Spitzenzeiten wie kurz vor Weihnachten gerne auch die dreifache Menge. Das sind definitiv andere Dimensionen als unser Gemeinschaftsgarten, und daher möchte ich unbedingt hinter die Kulissen blicken.

Als ich kurz vor 18 Uhr aus der Tram steige, liegt bereits an der Haltestelle der Duft von frischem Brot in der Luft. Kein Wunder, in der Backstube sind schon seit Stunden alle fleißig. Bevor ich dort eintrete, muss ich natürlich Kittel und Haarnetz überziehen, die Sohlen meiner Schuhe abstreifen und meine Hände desinfizieren. Die Hygiene ist so streng, dass ich noch nicht einmal meinen eigenen Schreibblock und Stift mit hineinnehmen darf. Man kann es auch übertreiben, denke ich, doch als wir wenig später die Schatzkammer mit dem Sauerteig – in der Hofpfisterei konsequent Natursauerteig genannt – betreten, wird mir einiges klar. Damit ich mir Notizen machen kann, drückt mir Klaudia

Klaene aus der Produktentwicklung ein Klemmbrett und einen Kugelschreiber in die Hand.

Im zweiten Stock wird der Natursauerteig angesetzt und stets über 24 Stunden geführt. »Das Geheimnis ist Zeit, dann entwickelt sich das Aroma«, schwärmt Klaene. Der Teig ist im Grunde über 35 Jahre alt, denn stets wird ein Teil zurückgehalten und als »Starthilfe« dem neuen Ansatz hinzugegeben. Somit hat er sich bestens an das Raumklima in der Hofpfisterei angepasst, und es ist ein echter Kraftakt, wenn er umziehen muss. Als der ursprüngliche Natursauerteig 1964 an den heutigen Standort umzog, brachte ihn der Tapetenwechsel für mindestens ein halbes Jahr »durcheinander«. Sprich, die Brote gelangen zunächst nicht mehr wie gewohnt.

Mittlerweile gehört eine Bäckerei in Lauf bei Nürnberg zum Unternehmen, die unter dem Namen »Stocker's Backstube« firmiert. Hier entstehen neben Klein- und Feingebäck auch einige Brotsorten. Den ersten Transportversuch dorthin überlebte der Natursauerteig nicht. Erst als man den Behälter mit Holzpaneelen aus dem Münchner Backhaus umgab und darin auch etwas vom Raumklima »einfing« und mitnahm, gelang das Vorhaben. Doch der Ortswechsel führte zwangsläufig dazu, dass sich der Natursauerteig in seiner natürlichen Evolution in Stocker's Backstube anders entwickelt hat als der in München. Daher entstehen in Lauf andere Brotsorten, aber es müsse ja nicht immer alles gleich schmecken, im Gegenteil. Spätestens jetzt verstehe ich, warum man den Natursauerteig in der Hofpfisterei wie einen Schatz hütet und ich noch nicht einmal meinen eigenen Kugelschreiber mit in die Bäckerei nehmen darf.

Außer Wasser und Mehl, später auch Salz, Ölsaaten und Gewürze kommt nichts hinein. Den Gärprozess könnte man mit der Zugabe von Hefe, Zucker oder Zusatzstoffen durchaus beschleunigen, doch davon möchte man hier nichts wissen. »Für die Mischer ist der Natursauerteig die zweite Ehefrau, um die sie sich rund um die

Uhr kümmern müssen. Er ist eine echte Diva«, führt Klaene weiter aus. Auch an Sonn- oder Feiertagen, wenn die Öfen kalt bleiben, arbeitet es im Natursauerteig weiter. Schließlich ist er ein lebendiges Produkt. Während ich vor einer 350 Kilogramm fassenden Schüssel stehe, erkenne ich, wie er sich bewegt. Es bilden sich Bläschen, und das Volumen nimmt stetig zu. An einer Stelle reißt er auf, an anderer formt sich ein kleines Gebirge. Jede neue Charge Mehl ist anders, die Temperatur und Luftfeuchtigkeit im Gebäude und selbst das Wetter nehmen Einfluss. Mal müssen die Mitarbeiterinnen und Mitarbeiter mehr Wasser hinzugeben, mal länger kneten. Feingefühl ist gefragt. Die Bäckerinnen und Bäcker können zwar während der Teigzubereitung noch eingreifen, aber Zusatzstoffe, um möglichst gleichförmige Produkte zu erhalten oder den Backvorgang zu vereinfachen, sind hier verpönt. Daher darf beim Ansetzen nichts schieflaufen. Ist der Natursauerteig geglückt, saust er via Schacht in die darunterliegenden Stockwerke. Da die Hofpfisterei im Laufe der Zeit gewachsen ist und sich die Gebäude angesichts der Innenstadtlage nicht beliebig vergrößern lassen, geschieht alles nicht wie in anderen Bäckereien in einem großen Produktionsraum, sondern auf verschiedenen Etagen.

Da im Schacht Teigreste hängen bleiben und sich diese bei einem Sortenwechsel nicht mischen dürfen, ist Krafteinsatz gefragt: Mittels eines Schiebers an einer langen Stange tritt der komplette Natursauerteig seine Reise in die Backstube an. Regelmäßig reinigen ausgebildete Bergsteiger die Schächte, indem sie sich dort abseilen und ausschließlich mit Wasser und mechanischer Kraft für Sauberkeit sorgen. Und ja, diese Arbeit dürfen tatsächlich nur Bergsteigerinnen und Bergsteiger erledigen, ich habe mehrfach nachgefragt. Wir folgen dem Natursauerteig eine Etage tiefer, wobei wir dafür die Treppe wählen. Unten angekommen, purzelt gerade neuer Natursauerteig herunter, der in einem automatischen Portionierer landet, der den Teigling via Förderband weiterreicht. Sich gegenläufig bewegende Bänder bringen den Teig schließlich in Form, der Bäcker nennt es rundwirken. Bei der Menge an Broten ist an dieser Stelle nicht mehr an Handarbeit zu denken. Nachdem die Teiglinge einige Zeit im Gärraum verbracht haben, geht es für vier Minuten bei 470 Grad in den Vorbackofen. Auf diese Weise bildet sich schnell eine Schutzhaut, was das Brot saftig hält und für entsprechende Röstaromen sorgt. Nun treten die Brote auf Steinplatten eine Fahrt durch den 45 Meter langen Ofen bei deutlich milderer Hitze an. Nach 90 Minuten sind sie fertig.

Wiederum eine Etage tiefer ist dann doch echtes Handwerk zu sehen. Hier befinden sich 27 Altdeutsche Steinbacköfen, in denen auch das meistverkaufte Brot der Hofpfisterei, die Pfister-Sonne, gebacken wird. Mittels vier Meter langen Holzschiebern schießen Bäcker die Brote in den Ofen und schichten sie immer wieder um, damit sie gleichmäßig backen. Dabei muss es schnell gehen, denn zwischen perfekt gebacken und verkohlt liegen nur wenige Minuten. Drei Mann sind mit dem Einschießen beschäftigt. Wer hier direkt an den Öfen arbeitet, spart sich definitiv Sauna und Fitnessstudio. Die eingespielten Mannschaften backen 1.350 Brote in der Stunde, die automatischen Öfen schaffen im gleichen Zeitraum nur 990. Mir gefällt der Mix aus moderner Technik und traditioneller Handarbeit, aber ob Letztere auch wirtschaftlich ist? Als ich Klaudia Klaene frage, ob man die Altdeutschen Steinbacköfen und die damit verbundene sprichwörtliche schweißtreibende Handarbeit nicht wegrationalisieren könne, schaut sie mich mit weit aufgerissenen Augen entsetzt an und antwortet mit einem konsequenten Nein. Das Pfisterbrot sei etwas Besonderes und soll es auch bleiben.

Heute arbeiten über 1.000 Menschen für die Hofpfisterei, die ihren Erfolg auch der ökologischen Wirtschaftsweise verdankt. Doch der Wandel von einem konventionellen Hersteller zum Bio-Pionier war alles andere als einfach und teilweise sogar gefährlich.

Das erste Mal 1331 urkundlich erwähnt, ist die Hofpfisterei seit 1917 in Familienbesitz. Im Alter von 25 Jahren übernahm Sieg-

Mittels vier Meter langen Holzschiebern schießen Bäcker die Brote in den Ofen und schichten sie immer wieder um, damit sie gleichmäßig backen. Foto: Hofpfisterei

fried Stocker 1970 als studierter Volkswirt das Unternehmen von seinem Vater Ludwig. Bereits acht Jahre später legte der Sohn im Firmenleitbild fest, die Menschen »mit immer natürlicherem und ursprünglicherem schmackhaften Brot zu versorgen«. Sein Anspruch kam nicht aus heiterem Himmel, denn sein Vater wollte bereits in den 1950er-Jahren nichts von den aufkommenden chemischen Zusatzstoffen wissen und hielt am Natursauerteig und den Altdeutschen Steinbacköfen fest. Er galt damals als kurzsichtig und rückständig, da er sich den modernen Produktionsmethoden verweigerte. Dies sollte jedoch den Weg zu einer reinen Öko-Bäckerei ein Stück weit vereinfachen, da die dort nicht zugelassenen chemischen Hilfsmittel noch nie das Innere der Hofpfisterei erblickt haben.

Siegfried Stocker wollte einen bedeutenden Schritt weiter gehen und nur noch mit Rohstoffen aus ökologischer Landwirtschaft backen. Doch das war leichter gesagt als getan, denn Bio-Getreide war damals im wahrsten Sinne des Wortes rar gesät. Um Landwirtinnen und Landwirte für sein Vorhaben zu gewinnen, schaltete er daher 1981 in mehreren Tageszeitungen, wie der Süddeutschen Zeitung, Frankfurter Allgemeinen Zeitung, Münchner Abendzeitung und weiteren, eine ganzseitige Anzeige. Gerade einmal zwei Landwirte meldeten sich. Immerhin kamen 1982 die ersten beiden Brotsorten in Bio-Qualität in die Filialen. Beim Backen mit Bio-Rohstoffen sollte es nicht bleiben, vielmehr war es ein Startschuss, das komplette Unternehmen in den nächsten Jahren und Jahrzehnten ökologisch nachhaltig zu wandeln: Energie sparen, CO_2-Ausstöße verringern, nicht vermeidbare Emissionen kompensieren und mehr. Einige Mitarbeiterinnen und Mitarbeiter wollten diesen Wandel nicht mitgehen. Als Siegfried Stocker seiner Chefsekretärin versicherte, dass bio kein Marketing-Gag, sondern ernst gemeint sei, kündigte sie. Nicht wenige Kollegen glaubten, der Chef würde spinnen und das Unternehmen riskieren. Doch der Entschluss stand fest.

Der Mangel an ökologischen Rohstoffen bremste das Vorhaben allerdings immer wieder aus. Um dies zu ändern, hielt Siegfried Stocker in Festzelten regelmäßig Vorträge vor Landwirten und versuchte diese von der ökologischen Wirtschaftsweise zu überzeugen. »Das war teilweise lebensgefährlich, denn auch dank des Alkoholpegels herrschte oft pure Aggression. Einmal ist ein Landwirt meinem Mann im Festzelt nachgelaufen und wollte ihm den vollen Bierkrug über den Kopf schlagen. Ich war immer heilfroh, wenn er gesund nach Hause kam«, erinnert sich Margaretha Stocker. »Die Vorträge waren notwendig, weil er zweifelsfrei wusste, das Richtige zu tun. Für die ökologische Landwirtschaft zu plädieren war jedoch ein Affront, da er dadurch ja das bestehende System angriff.«

Einige Landwirtinnen und Landwirte konnte Siegfried Stocker dennoch erreichen. Oft waren es eher kleine Betriebe kurz vor dem Aus, die bio als Chance begriffen, oder Höfe, auf denen ein Generationswechsel stattgefunden hatte. Doch zunächst brachte Stockers Öko-Plädoyer wirtschaftliche Nachteile. Der Umsatz einer zuvor erfolgreichen Filiale in der Region ging innerhalb einer Woche um die Hälfte zurück, denn konventionelle Landwirte und Landfrauen gingen in den Boykott. Tenor: Solange Stocker behauptet, wir seien Umweltverbrecher, kaufen wir sein Brot nicht mehr. Andere wollten generell Pfisterbrot erst dann wieder essen, wenn es nicht mehr bio sei. »Wir haben mindestens zehn Jahre gebraucht, um die Umsatzverluste durch bio wieder aufzufangen. Angesichts der höheren Brotpreise haben die meisten geglaubt, wir würden viel Geld verdienen. Allerdings war es eine harte Zeit für uns. Rückblickend betrachtet, konnte sich mein Mann nicht vorstellen, wie hart es werden würde«, sagt Margaretha Stocker ernst. Auch die Naturkostszene wollte von der Hofpfisterei nichts wissen, da noch kein Vollkornbrot gebacken wurde. Die bestehende Stammkundschaft musste und konnte zum Großteil auf dem ökologischen Weg mitgenommen werden.

»Wenn sie weiter Pfisterbrot essen wollten, mussten sie es in Bio-Qualität kaufen«, sagt Tochter Nicole Stocker, die seit Januar

Siegfried Stocker hielt in Festzelten regelmäßig Vorträge vor Landwirten und versuchte diese von der ökologischen Wirtschaftsweise zu überzeugen. Foto: Hofpfisterei

2015 als alleinige Geschäftsführerin die Geschicke der Hofpfisterei leitet. Interessanterweise gaben fast drei Viertel der Kunden in einer Umfrage des Unternehmens Ende der 2000er an, Pfisterbrot zu kaufen, obwohl es bio ist.

Doch zurück in die 1980er: Auch die Anbauverbände lehnten zunächst eine Zusammenarbeit ab. Gerne hätte sich Margaretha Stocker Demeter angeschlossen, doch den dortigen Verantwortlichen war die Hofpfisterei zu groß. Man habe das Umstellen von konventionellen Herstellern in dieser Größe überhaupt nicht im Blick gehabt. Die Versorgung mit Bio-Getreide war alles andere als sicher, die Kunden reagierten, vorsichtig ausgedrückt, verhalten, und die ersten Bio-Brote waren gerade einmal zwei Jahre zuvor aus dem Ofen gekommen, da entschied sich Siegfried Stocker 1984, die Hofpfisterei komplett umzustellen. Woher er dafür den Mut nahm, kann ich ihn leider nicht persönlich fragen, da er bereits 2016 verstorben ist. Doch mindestens ein Teilaspekt wird sein: »Die Tatsache, dass dieser Betrieb fast 700 Jahre existiert und dabei in dieser Zeit alle möglichen Katastrophen überstanden hat – von Pest und Cholera über Stadtbrand und Krieg etc. –, gibt einem doch die Aufgabe und Zuversicht, den Herausforderungen, denen man zu seiner Zeit begegnet, mit Mut und Tatkraft entgegenzutreten«, sagte er in einem Imagefilm des Unternehmens.[15]

Tatsächlich hatte vieles davon noch sein Vater miterlebt: den Lebensmittelmangel nach dem Ersten Weltkrieg zum Beispiel und den Brand der Hofpfisterei durch einen Bombenangriff am 7. Januar 1945, der den alten Standort bis auf die Grundmauern niederbrannte. Mühsam baute Ludwig Stocker die Bäckerei wieder auf, und im Alter von 70 Jahren fing er 1964 am heutigen Standort wieder von vorne an, da die ehemaligen gepachteten Gebäude nicht an ihn verkauft wurden. Den Stockers scheint eine gewisse Portion Sturheit und Tatkraft in die Wiege gelegt worden zu sein.

Schrittweise stellte Siegfried Stocker die bestehenden Brotsorten auf bio um, sobald er die passenden Rohstoffe in der gewünschten Qualität beziehen konnte. Neben Getreide brauchte es schließlich auch ökologische Ölsaaten und Gewürze. Das Bio-Sortiment wuchs zaghaft, als 1986 in Tschernobyl ein Atomreaktor explodierte. Augenblicklich kaufte Stocker alles konventionelle und für Notzeiten eingelagerte Mehl auf, das er in die Finger bekam. Vom Bio-Mehl gab es zum damaligen Zeitpunkt keine Lagerware, da das Angebot immer noch knapp war. Stocker entschied sich für vollständige Transparenz und veröffentlichte regelmäßig die aktuellen Strahlenwerte seiner Brote und Backwaren. Da das Bio-Getreide, anders als das bereits im Vorjahr eingelagerte konventionelle Mehl, mit dem radioaktiven Fallout in Kontakt kam, waren die Bio-Brote entsprechend belastet. Mit seiner Offenheit riskierte der Unternehmer, der Bio-Linie den Todesstoß zu versetzen. Überraschend griffen dennoch viele Kundinnen und Kunden bei der ökologischen Ware zu. Der Strahlung könne man nicht entgehen, wenigstens seien aber keine anderen chemischen Zusätze im Bio-Brot. »Dieses Vertrauen der Kunden war der endgültige Ansporn, an der Umstellung festzuhalten«, erklärt Nicole Stocker.

Noch immer suchte die Hofpfisterei händeringend Landwirtinnen und Landwirte. Endlich kam die Zusammenarbeit mit einem Anbauverband zustande. Naturland war und ist ein wichtiger Partner, und gemeinsam organisierte man Ende der 1980er weitere Vortragsreisen über bayerische Dörfer. Naturland, Experte für ökologische Landwirtschaft an Stockers Seite, konnte interessierten Bäuerinnen und Bauern alle Fragen zur Praxis beantworten. »Wir hatten gemerkt, dass wir es im Alleingang nicht schaffen. Erst durch die Zusammenarbeit mit Naturland waren die Vorträge richtig erfolgreich«, sagt Margaretha Stocker. Das Überzeugen war immer noch kein leichtes Unterfangen, allerdings waren die Zuhörer und Zuhörerinnen deutlich weniger aggressiv. Ein weiterer wichtiger Schritt war 1988 der Erwerb der Mehrheitsbeteiligung an der Meyermühle in Landshut, woher das gesamte Mehl für die Hofpfisterei stammt. Nun hatte man dadurch die volle Kontrolle über die Rohstoffqualität, und für die Hofpfisterei schloss sich ein Kreis – denn eine Pfisterei ist Mühle und Bäckerei in einem, und genau das war am herzoglichen und später kaiserlichen Hof im 14. Jahrhundert der Ursprung des heutigen Unternehmens.

Nicht jeder Landwirt und jede Landwirtin konnte damals und kann heute rein vom Getreideanbau leben, und so gestaltete es sich mitunter schwierig, diese von der ökologischen Wirtschaftsweise zu überzeugen. Was mit ihren Nutztieren passieren solle, war eine häufige Frage. Die Antwort wurde der Hofpfisterei fast schon in den Schoß gelegt. Sie kaufte 1993 die Bio-Metzgerei »Landfrau«, der die Absetzwege fehlten. Diese waren mit dem Hofpfisterei-Filialnetz gegeben, zum Zeitpunkt meines Besuchs sind es 166. »So wurden wir dann zusätzlich zu Metzgern. Das war nicht geplant, bietet aber Landwirten eine weitere Perspektive«, erklärt Nicole Stocker.

Einige Filialen liegen mittlerweile in Berlin. Die Brote werden in München vor- und dann in der Hauptstadt zu Ende gebacken. Doch ist es ökologisch sinnvoll, Bio-Brot durch die ganze Republik

Siegfried Stocker mit Frau Margaretha und Tochter Nicole. Foto: Hofpfisterei

zu transportieren? Ich bin skeptisch, was Nicole Stocker durchaus nachvollziehen kann. »Damit das Unternehmen wachsen und die ökologische Landwirtschaft weiter unterstützen kann, muss es sich neue Absatzgebiete erschließen.« Das Getreide möchte man aus Qualitätsgründen unbedingt selbst vermahlen, doch einen zweiten Mühlenstandort zu betreiben sei unwirtschaftlich.

»Mehl ist ein Naturprodukt, das jedes Jahr unterschiedlich ausfällt. Um die besten, gleichbleibenden Backeigenschaften garantieren zu können, muss Getreide von vielen unterschiedlichen Landwirten aus verschiedenen Regionen optimal gemischt werden.« Damit das gelingt, braucht es Vielfalt in den Getreidesilos. »Ob wir nun Mehl von Bayern nach Berlin fahren oder vorgebackene Brote, ist letztlich kein großer Unterschied«, sagt Nicole Stocker. In ihrer Heimatstadt ist die Hofpfisterei seit Generationen für viele Haushalte der Stammbäcker, in Berlin erfülle man die Rolle des Spezialitätenherstellers.

Eines scheint mich mit Siegfried Stocker zu verbinden. Als er Anfang der 1980er mit seinem Öko-Weg begann, malte er sich aus, dass die ökologische Agrarwende in den nächsten Jahrzehnten mit einem entsprechend großen Markt für Bio-Lebensmittel viel weiter sein würde, als das heute der Fall ist. Meine Ungeduld in dieser Hinsicht kommt noch bei meinem Treffen mit Martin Häusling (siehe Kapitel »Nicht bio ist zu teuer, sondern konventionell ist zu billig« ab Seite 191) zur Sprache. Die Tatsache, dass die Hofpfisterei damals wie heute immer noch händeringend Öko-Landwirtinnen und -Landwirte sucht, spricht in meinen Augen Bände. Margaretha Stocker kann und will sich noch nicht in den wohlverdienten Ruhestand verabschieden, dafür gibt es einfach zu viele Baustellen: Klimawandel, Erhalt der Artenvielfalt und gentechnisch veränderte Lebensmittel, die über (nicht deklarierungspflichtige) Zusatzstoffe in unseren Lebensmitteln landen. »Die ökologische Landwirtschaft ist nach wie vor richtungsweisend, denn sie schützt unsere Lebensgrundlagen: unser Grundwasser, unsere Böden, unsere Luft, die Artenvielfalt in unserer Kulturlandschaft und unser Klima. All das hat mich immer motiviert, und dafür kämpfe ich weiter«, sagt sie mit Nachdruck.

—————— Margaretha und Nicole Stocker habe ich getrennt interviewt.

Bio oder weiche!

Andechser Molkerei Scheitz, Bayern

Entweder ist es ein Test, oder ich werde gehörig auf den Arm genommen. Wir stehen vor einem großen rechteckigen Glaskasten, in dessen sterilem Innenleben angeblich vollautomatisch Quark in Becher gefüllt wird. Doch das kann nicht stimmen, denn der Quark ist viel zu flüssig, wie ich auf den ersten Blick erkenne. Ich äußere meine Zweifel. »Die Becher lagern noch zwei Tage im Kühlhaus, so kann der Quark in Ruhe ausreifen. Danach ist er fest«, erklärt mir ein Produktentwickler, der mich durch die Andechser Molkerei führt. »Es ist also ähnlich wie beim Teig bei Handwerksbäckern«, entgegne ich. »Zeit bringt Geschmack.« Nun strahlt mein Gegenüber, als hätte ich tatsächlich einen Test bestanden.

Wer Milchprodukte herstellen möchte, muss sich vor allem mit den verschiedenen Bakterienkulturen beschäftigen und genau wissen, was sie wie bewirken und welche idealen Bedingungen sie brauchen. »Geschmack, Textur, Säuregehalt, Rührwiderstand und mehr – alles kann ich mit den richtigen Kulturen bestimmen. Auch die optimalen Temperaturen und Ruhezeiten muss man exakt steuern. Genau darin liegt die große Kunst.« Mir schwirrt schon bald der Kopf, was man alles im Blick behalten muss. In der Molkerei wird nichts dem Zufall überlassen. In welchem Winkel und welcher Geschwindigkeit sich ein Rührarm dreht oder wie hoch der Druck beim Pumpen der Milch durch die Rohrleitungen ist –

Nach der Abfüllung lagern die Quarkbecher noch zwei Tage im Kühlhaus, so kann der Quark in Ruhe ausreifen und fest werden. Foto: Andechser Molkerei Scheitz

alles wirkt sich später positiv oder negativ auf das Produkt aus. Es ist ein ganzes Symphonieorchester aus kleinsten Stellschrauben, die perfekt aufeinander abgestimmt sein müssen. Kurz habe ich meinen Gesprächspartner in Verdacht zu übertreiben. Doch würden beispielsweise die Fettkügelchen in der Milch beschädigt, wären sie anfällig für Enzyme. Der daraus hergestellte Käse würde dann ranzig schmecken. »Man kann unglaublich viel kaputt machen, und deswegen müssen wir alle Maschinen mit Fingerspitzengefühl einstellen.« Selbst Luftproben und das Kühlwasser analysiert das hauseigene Labor regelmäßig. Die Zuluft ist gefiltert, und in der Molkerei herrscht ein leichter Überdruck. Würde eine Schleuse nach außen versagen, so würde Luft aus der Molkerei ausströmen, aber keine hinein.

Was auf den Laien wie Paranoia wirken kann, ist für die Molkereiangestellten gelebter Alltag. Geht etwas schief, ist gleich eine ganze Charge betroffen und muss im schlimmsten Fall entsorgt werden – und da kommen schnell Mengen zusammen. Zur Zeit meines Besuchs liefern 640 Landwirtinnen und Landwirte pro Tag über 300.000 Liter Rohmilch an. Auf das Jahr umgerechnet, sind das 125 Millionen Liter Kuh- und 10 Millionen Liter Ziegenmilch. Als ich die Zahlen das erste Mal höre, kann ich mir gerade noch einen anerkennenden Pfiff verkneifen. Die Rohmilch verarbeitet die Molkerei rund um die Uhr zu Trinkmilch, Joghurt, Quark und weiteren Frischeprodukten. Auf die Pausetaste zu drücken ist unmöglich, da Rohmilch schnell verarbeitet werden muss und beständig neue eintrifft. Daher ist heute neben den Naturkostfachgeschäften auch der Lebensmitteleinzelhandel ein wichtiger Absatzweg. Der Käse wird mit der Andechser Milch und nach eigenen Rezepturen in Österreich hergestellt. Dafür wurde die Molkerei ab einem gewissen Punkt zu klein. Warum sie nicht einfach durch einen Anbau erweitern? »Es kann bis zu fünf Jahre dauern, bis ein Neubau einer Käserei in dieser Größe stabil produzieren kann. Schließlich müssen die Produktionsräume und alles, was sich darin befindet, entsprechend rein sein und eine käsereitypische Mikroflora aufbauen«, klärt mich der Produktentwickler auf.

Heute ist die Andechser Molkerei die größte Bio-Molkerei Europas. »Das war so nicht geplant, sondern hat sich ergeben«, sagt die heutige Geschäftsführerin Barbara Scheitz. »Was wir in der Bio-Branche groß nennen, ist in der konventionellen Wirtschaft mehr als übersichtlich oder gar winzig«, relativiert sie. Eine der größten konventionellen Molkereien Deutschlands, das Deutsche Milchkontor, verarbeitet jährlich an 20 Standorten in Deutschland und den Niederlanden nach eigenen Angaben rund 7,1 Milliarden Kilogramm Milch.[16]

Die Anfänge der Andechser Molkerei waren wie bei vielen Bio-Pionieren bescheiden. Die Urgroßeltern der heutigen Familie Scheitz gründeten 1908 ihre Käserei hinter der Dorfkirche in Erling-Andechs. Barbara Scheitz wuchs auf dem Bauernhof ihrer Eltern auf. Milchvieh, Schweinemast und Anbau des Futters standen auf dem Programm. Ihr Bruder Georg trat 1988 die Hofnachfolge an und stellte den Betrieb auf ökologische Landwirtschaft um. Statt Kühe liefern heute Ziegen die Milch, die Schweinemast ist geblieben. Schon in den 1970ern schimpften die Landwirtinnen und Landwirte über einen zu geringen Milchpreis. Zu der Zeit war Barbaras Vater Georg Michael Scheitz Obmann des Bayerischen Bauernverbands. Damals wurde ihm schnell klar: »Als konventionelle Milchbauern haben wir auf Dauer keine Chance.« Es herrschte wie heute in weiten Teilen das Mantra vom Wachsen oder Weichen. Um allerdings Vielfalt und kleinbäuerliche Landwirtschaft zu erhalten, musste eine Alternative her – und die hieß bio. Zudem habe Bio-Milch eine höhere Qualität, die einen deutlich besseren Preis erziele. Mehrere Fliegen mit einer Klappe geschlagen, könnte man sagen. So kam Georg Scheitz in Kontakt mit den ersten Öko-Landwirtinnen und -Landwirten, doch die hiesigen Molkereien wollten von Bio-Milch nichts wissen. Da diese meist mit der konventionellen Milch vermischt wurde, gab es für die Lieferanten auch nur den Preis für die konventionelle Ware. »Dann habe ich mich halt selbstständig gemacht«, erklärt er. Die Käserei baute er 1976 in eine Molkerei um und verarbeitete anfangs zusätzlich zur konventionellen Milch täglich 1.000 Liter Bio-Milch. »Es war eine schwere Zeit, wir mussten ja erst Marktnischen finden. Lange waren wir abhängig vom puren Glück«, sagt er ernst. Eines der ersten Produkte neben der Trinkmilch war die Butter, es folgten Käse, Joghurt und Quark.

Wer sich noch erinnert, weiß, dass Schweine auf den früheren Bauernhöfen wichtige Resteverwerter waren, damit kein Lebensmittel verschwendet wurde. Hätte man damals den Landwirtinnen und Landwirten erzählt, sie sollten extra Futtermittel anbauen, wäre man vielerorts wohl für verrückt erklärt worden. Auch heute noch ist die Schweinemast ein guter Partner für Molkereien, um Überschüsse und wertvolle Nebenprodukte zu verwerten – siehe dazu auch im Kapitel »Gemeinsam sind wir stark« auf Seite 53. Doch zurück nach Andechs. Zuspruch für seinen Einsatz, die ökologische Landwirtschaft weiter auszubauen, erhielt Scheitz aus

Die Anfänge der Andechser Molkerei waren wie bei vielen Bio-Pionieren bescheiden. Foto: Andechser Molkerei Scheitz

dem Hause Neumarkter Lammsbräu, Hipp und von den heutigen Milchwerken Berchtesgadener Land Chiemgau eG. Letztere erfassten bereits 1973 Bio-Milch getrennt. »Gemeinsam haben wir uns immer wieder bestärkt, denn die Andechser Molkerei war zu der Zeit ja noch sehr klein. Einige konventionelle Landwirte haben auch nicht verstehen können, warum uns bio so wichtig ist.« Langsam entstanden in Bayern die ersten Naturkostfachgeschäfte, die auf der Suche nach Milchprodukten auch auf die Andechser Molkerei aufmerksam wurden.

Von Anfang an sei das Ziel 100 Prozent bio gewesen, stellt Georg Scheitz in unserem Gespräch klar. Das konnte man allerdings nur schrittweise erreichen, schließlich musste sich erst ein Markt für Bio-Milch entwickeln, sodass sukzessive immer mehr Milchviehbetriebe auf ökologische Landwirtschaft umstellen konnten. Bis dies vollzogen war, konnten die Höfe in der Umstellungsphase ihre noch als konventionell geltende Milch wei-

Keine Chance als konventioneller Landwirt, bio ist die Zukunft – das war Georg Scheitz schon früh klar. Foto: Jens Brehl

terhin an die Andechser Molkerei liefern. Der jahrelange enge Kontakt schaffte viel Vertrauen. Doch wer an der konventionellen Landwirtschaft weiterhin festhielt, hatte im Hause Andechser auf Dauer keine Zukunft. Ab einem gewissen Punkt wurden Verträge gekündigt. Doch wie sieht es mit fairen Milchpreisen aus? Alle zwei Monate sitzen Landwirtinnen und Landwirte, die gewählten Milchsprecher und die Molkerei zusammen, um Preise zu verhandeln. »Landwirte müssen ein gutes Auskommen haben«, stellt Barbara Scheitz klar.

Sie ist quasi mit dem Milchgeruch in der Nase aufgewachsen. Schon als Kind packte sie in der Molkerei Butter ein, half als Jugendliche regelmäßig im Betrieb mit und absolvierte dort eine Ausbildung zur Molkereifachkraft, der ein Studium der Betriebswirtschaft folgte. »Die Molkerei habe ich immer als spannend und äußerst lebendig wahrgenommen«, erinnert sie sich. Seit 2003 leitet sie das Unternehmen als Geschäftsführerin. Zwei Jahre nach ihrem Antritt wagte sie den Vorstoß, bei ihren konventionellen Produkten zu garantieren,

Ökologische Betriebe schützt Barbara Scheitz vor Gentechnik. Foto: Andechser Molkerei Scheitz

dass sie frei von Gentechnik sind. »Zu der Zeit hat die konventionelle Landwirtschaft in weiten Teilen gentechnisch veränderte Pflanzen noch als Allheilmittel für viele Probleme betrachtet. Sie sollten höhere Erträge bringen, Gifte gegen Schädlinge erzeugen oder gegen bestimmte Herbizide resistent sein. Eben die technische Antwort auf die Evolution.« Doch ihr war klar: »Es kann keine Koexistenz von Gentechnik und ökologischer Landwirtschaft geben.« Einmal in die Welt gesetzt, drohen gentechnisch veränderte Pflanzen sich weiterzuverbreiten, Ernten zu kontaminieren und sich nur schwer wieder einfangen zu lassen – falls Letzteres überhaupt möglich ist. »Die Gentechnik ist die größte Gefahr für die ökologische Landwirtschaft«, stellt sie entschieden klar. Daher wollte sie zumindest im Einzugsgebiet ihrer Molkerei nicht nur ein Zeichen setzen, sondern die Bio-Bäuerinnen und -Bauern aktiv schützen.

Bei konventionellen Milchbetrieben wird mitunter Soja aus Übersee als Kraftfutter eingesetzt. »Das war damals schon mit Gensoja kontaminiert. Über eine vergleichsweise minimale Zufütterung haben wir große Probleme in die Betriebe getragen.« Im ersten Schritt verzichteten die Landwirtinnen und Landwirte darauf, und im zweiten förderte die Molkerei den Anbau von heimischen Eiweißpflanzen – sogenannten Leguminosen – als Futtermittel. Soja aus Übersee ist und bleibt allerdings vor allem eine billige Eiweißquelle für Mast- und Milchviehbetriebe, ohne die eine Massenproduktion in vielen Fällen nicht mehr möglich ist. Für den Anbau muss auch immer wieder Regenwald weichen. »Wir laden da eine enorm große Schuld auf uns«, sagt dazu Martin Häusling im Kapitel »Nicht bio ist zu teuer, sondern konventionell ist zu billig« ab Seite 191. In einem dritten Schritt stellten einige nun gentechnikfrei arbeitende Landwirtinnen und Landwirte in letzter Konsequenz auf bio um. Die Kundinnen und Kunden nahmen die in Sachen Gentechnik garantiert sauberen und entsprechend ausgelobten Produkte gut an. »In der Branche haben wir uns natürlich keine Freunde gemacht, auch wenn viele Unternehmen behaupteten, das Thema Gentechnik sei irrelevant. Für mich ist es irrelevant, wie andere über meinen Weg urteilen, ich gehe ihn einfach weiter. Uns lag es daran, die ökologischen Betriebe zu schützen. Und natürlich gibt es auch Rückschläge, aber die muss man aushalten«, sagt sie resolut. Gerne verweist sie auf die Erfolgsgeschichte, dass in Bayern nach ihren Aussagen heute mehr als die Hälfte der konventionellen Milch garantiert frei von Gentechnik ist.

Der 2005 gewagte Vorstoß war, rückblickend betrachtet, auch ein entscheidendes Sprungbrett, um vier Jahre später die Andechser Molkerei komplett auf bio umzustellen. »Das war ein schwerer, aber wichtiger Schritt und hat enorm viel Klarheit in unser Unternehmen gebracht«, sagt Barbara Scheitz, und ihr Vater stimmt zu: »Das war der richtige Weg für uns.« Natürlich gebe es auch Widerstände. »Es ist bedauerlich, wenn wir noch nicht jeden von der ökologischen Landwirtschaft überzeugen konnten, wobei wir auch Verständnis für andere Sichtweisen haben. Wir arbeiten jedenfalls weiter daran, bio voranzubringen.«

Und hier gibt es noch viel zu tun. An den 2019 in Deutschland erzeugten 33,1 Millionen Tonnen hatte Bio-Milch gerade einmal einen Anteil von etwa 3,7 Prozent.[17] Nur ein Zehntel der 2019 im Handel verkauften Milch stammt aus ökologischer Landwirtschaft.[18] »Bio-Milch ist immer noch ein Nischenprodukt«, stimmt Barbara Scheitz zu. Auf meine Frage, warum das so ist, muss sie kurz überlegen. »Trinkmilch ist ein preissensibles Produkt. Die Konsumenten vergleichen die Preise ganz genau, obwohl Milch meist, bezogen auf die gesamten Ausgaben für Lebensmittel, nur einen geringen Anteil hat. Das war schon immer so.« Ob sie deswegen resigniert? »Wir glauben fest daran, dass der Markt für Bio-Milch weiter wächst, und freuen uns über jeden Milchbauern, der auf ökologische Landwirtschaft umstellt, und jede Kundin, die sich für ein Bio-Milchprodukt entscheidet.«

_____ Georg Michael Scheitz und Barbara Scheitz habe ich getrennt interviewt. Das Gespräch mit Barbara Scheitz habe ich telefonisch nachgeholt, da sie bei meinem Besuch in der Molkerei kurzfristig verhindert war.

Die Senfrebellen aus Fürstenfeldbruck

Münchner Kindl Senf, Bayern

Früher zur Bratwurst, heute zur Sojawurst: Ohne Senf geht da bei mir gar nichts. So sehr ich die angenehme Schärfe auch schätze, habe ich mir nie Gedanken darüber gemacht, wie mein geliebtes Würzmittel hergestellt wird. Bei Müncher Kindl Senf in Fürstenfeldbruck bin ich garantiert an der richtigen Adresse, denn die Familie produziert Senf seit 1920. Dessen Körner schmecken allerdings nach gar nichts, wie ich erfahre. Erst die Zugabe von Wasser löst die ätherischen Öle. Zunächst wird es bitter, dann scharf. Das Spiel mit der Schärfe ist die eigentliche Kunst. Natürlich gibt es auch gleich vier verschiedene Methoden, Senf herzustellen, wie mir Lisana Hartl erklärt, die gemeinsam mit ihrer Schwester Catalina die Geschicke des Unternehmens leitet. Bei unserem telefonischen Vorgespräch sind wir schnell beim Du gelandet, auch ihr Vater wird bei unserem späteren Interview jedes Mal das Gesicht verziehen, wenn ich ihn sieze. Daher möchte ich die Hartls auch in diesem Kapitel duzen.

Während des Rundgangs durch die Produktion weihen mich die Geschwister ein. In einem 3.000-Liter-Behälter wird die sogenannte Maische angesetzt: Senfsaaten treffen auf Essig, Wasser, Salz und weitere Gewürze. Wie lange die Maische zieht, ist Betriebsgeheimnis. Jedes Jahr unterscheiden sich die geernteten Senfsaaten, und daher müssen die Rezepte und Ruhezeiten immer wieder angepasst werden. Sprich: Man muss wissen, was man tut.

Lisana Hartl (links) leitet gemeinsam mit ihrer Schwester Catalina die Geschicke des Unternehmens. Foto: Münchner Kindl Senf

Gerade ist eine Charge mittelscharfer Senf in der Mache. Die Saaten sind in der Maische gequollen, und eine Senfmühle verarbeitet diese zu einer homogenen Masse. Diese muss noch abkühlen und wird später mittels Vakuum »entlüftet«. Zu viel Sauerstoff schadet den ätherischen Ölen, und der Senf würde schon bald nicht mehr schmecken. Bei Ganzkornsenf wird auf das Mahlen verzichtet. Bei dem besonders in Bayern beliebten süßen Senf wird die Maische gekocht. Wie lange und bei welchen Temperaturen, kann ich Lisana nicht entlocken. Dazu reicht mein Charme dann doch nicht. Die vierte Möglichkeit ist der scharfe Dijon-Senf, dessen Ursprung wohl im 13. Jahrhundert liegt. Hier wird die Maische nur grob vermahlen und danach durch ein Sieb passiert. So landet nur das Innere des Senfkorns im fertigen Produkt. Senfmehl kommt den Hartls nicht ins Haus, denn das habe bereits Aroma eingebüßt. Später am Tag werde ich noch einige Spezialitäten wie Himbeersenf kosten. Vater Theo hat ständig neue Ideen, nur mit dem Whiskysenf konnte er sich nicht durchsetzen.

Wir gehen ein Stück weiter und schauen uns eine Abfüllstation an. Die Gläser fahren in einer Schiene Looping, damit eventuelle Fremdkörper spätestens jetzt herausfallen. Senf wird eingefüllt, das Glas etikettiert und zugeschraubt. Zwei Menschen arbeiten hier, obwohl man den Prozess so weit automatisieren könnte, dass einer ausreichen würde. Das Abfüllen der Senf- und Mayonnaiseeimer übernehmen weitere zwei Mitarbeiter. Das könnte eine Maschine im Alleingang erledigen. »Was nutzen uns Maschinen, wenn die Menschen in unserer Region arbeitslos sind?«, fragt Catalina. »Menschen sind mir lieber als Maschinen«, wird Theo im späteren Interview zu Protokoll geben.

Familie Hartl ist in mehreren Punkten außergewöhnlich und wird mich im Laufe meines Besuchs noch mehrmals verblüffen. Theo gilt in der Branche als bunter Hund. Er hatte mal eine Galerie, Kneipe, Schneiderei, Schlosserei, einen Jeansladen, ein Tonstudio, managte russische Bands, war Bauunternehmer (er hat bereits in den

1980er-Jahren Häuser konzipiert, die man komplett mittels Wärmepumpe heizen konnte – wollte aber keiner haben) und einiges mehr. »Mein ganzes Leben war ein Abenteuer. Aber irgendwann hatte ich davon genug und wollte mich ganz einer Sache verschreiben.« Dass dies ausgerechnet das Herstellen von Senf sein würde, hat damals wohl niemand erwartet.

Theos Vorfahren hatten 1920 eine Metzgerei auf dem berühmten Münchner Viktualienmarkt. Den süßen Senf zur Weißwurst stellten sie ganz frisch selbst her, auch Standnachbarn und Wirtshäuser zählten bald zu ihren Kunden. Von der Metzgerei ist schon lange nichts mehr übrig, nur das Rezept für den süßen Senf blieb erhalten. 1970 stellte Theos Vater Albert in seiner Senfküche im Keller alle zwei Wochen den beliebten Münchner Kindl Senf weiter her. Er belieferte den Viktualienmarkt, die dortige Metzgereizeile und einige Wirtshäuser.

1986 überschlugen sich schließlich die Ereignisse. Albert gab das Geschäft an seinen Sohn Theo weiter, der zur damaligen Zeit noch mit Eberhard König ein eigenes Tonstudio betrieb. Die erste Tochter Lisana erblickte das Licht der Welt, und in Tschernobyl explodierte ein Atomreaktor. »Dann kamen das große Umdenken und die Zweifel, ob es richtig ist, wie wir mit der Umwelt umgehen«, erklärt Mutter Katrin. Viele Menschen zog es schon vorher auf die Straße, um gegen Atomkraft zu demonstrieren. Für Martin Häusling (siehe Kapitel »Nicht bio ist zu teuer, sondern konventionell ist zu billig« ab Seite 191) waren die Proteste Anlass, den heimischen Bauernhof auf eine ökologische Wirtschaftsweise umzustellen.

Katrin beschloss, ihre Familie fortan ausschließlich mit Bio-Lebensmitteln zu versorgen. »Wir hatten damals schon viel vergessen«, resümiert Theo. »Als Kind holte ich die Milch mit der Kanne direkt vom Bauern, meine Oma hat die ganze Familie mit selbst angebautem Gemüse ernährt.« Um den Speiseplan auf 100 Prozent bio umzustellen, benötigte Katrin erstaunlicherweise nur ein halbes Jahr. »Die Läden waren damals sehr klein, hatten oft keine Kühltheke. Manchmal stand ich mit Kind auf dem einen Arm, mit den Einkäufen im anderen gefühlte Stunden an der Kasse an, weil man sich über ätherische Öle unterhalten hat.« Die meisten Bio-Läden waren gleichzeitig Treffpunkte für die Szene.

Das Kochbuch von Barbara Rütting entwickelte sich schnell zu einer kulinarischen Bibel für die Hartls, daher stand nicht der Verzicht auf bestimmte Zutaten im Vordergrund, sondern der Genuss. »Es gab keinen weißen Zucker, alles war Vollkorn, und zum Frühstück gab es oft Frischkornbrei nach Dr. Brucker«, schwärmt Katrin. Brotaufstriche und Tofu stellte sie selbst her. »Es gab damals keine ökologischen Fertiggerichte – heute kann ich sogar Bratkartoffeln in der Tüte kaufen«, sagt sie kopfschüttelnd. Auch wenn die heimische Küche schmackhaft war, habe die Familie unter den ersten selbstgebackenen Broten dann doch gelitten. »Einmal wollten wir eine makrobiotische Pizza auf einem Stein backen, wobei sie nicht über 40 Grad erhitzt werden durfte. Gespannt haben wir gewartet, dass sie gart.« Katrin bricht in Gelächter aus. »Aber das funktioniert nicht!«

Lisana wuchs mit Dinkelkeksen auf, aß das erste Eis im Alter von vier Jahren. Ich selbst bin 1980 geboren und habe wohl in meiner Kindheit so viel Zucker gegessen, dass es für ein ganzes Leben reicht. Es war die volle Breitseite: Nutella, Hanuta, Kinderschokolade, Kaba, und es gab sogar Eszet-Schnitten – das sind kleine Tafeln Schokolade, die man sich aufs Brot oder Brötchen legt. Lisanas Umfeld hingegen bedauerte oft das »arme Kind«. Erst durch Großmutters Süßigkeitenschrank lernte sie Haribo kennen, zu Hause gab es Gummibärchen aus Apfelsaft. Wenn andere Kinder zu Besuch waren, kamen Grünkernbratlinge nicht sooo gut an. Der kleinste gemeinsame Nenner waren dann Nudeln mit Tomatensoße. Einziger Knackpunkt im Hause Hartl war das Toilettenpapier Marke grau, hart, aber öko, was Lisana als »Schmirgelpapier« bezeichnet. Von einem Besuch bei ihrer Tante brachte sie gemeinsam mit ihrer Schwester begeistert ein Blatt weiches Toilettenpapier mit nach

Hause. »Schau mal, Mama, was es Tolles gibt!« Katrin gibt zu, dass gerade in den Anfangszeiten bio und nachhaltig an erster Stelle standen, während Genuss und Komfort zunächst zweitrangig waren. »Es gab völlig geschmacksneutrale Brotaufstriche, bei denen ich mich gefragt habe, wer so etwas überhaupt herstellt.«

Auch Theo wurde zum Einkaufen geschickt. In einem Bio-Laden fand er zwar eine bescheidene Auswahl an Wurst, aber keinen Senf. Eine Idee war geboren. Beim Ladeninhaber gab er sich als Senfhersteller zu erkennen. »Der hat sich sofort einen Produktnamen ausgedacht und 3.000 Etiketten drucken lassen, obwohl wir noch gar keinen Bio-Senf hatten«, erzählt Theo und kann sich das Lachen nicht verkneifen.

An ökologische Rohstoffe heranzukommen war schwierig. Ein bayerischer Landwirt ist Theo besonders im Gedächtnis geblieben. Dieser sollte Senf anbauen, und als sich Theo kurz vor der Ernte nach dem zu erwartenden Ertrag erkundigte, teilte ihm der Landwirt mit, er habe doch lieber auf Hafer gesetzt – dafür bekomme er mehr. »Einmal lagerte er die Senfsaaten im Kuhstall, das fertige Produkt hat entsprechend geschmeckt. Es war furchtbar«, erzählt Theo. Sein Vater hatte stets entöltes Senfmehl gekauft. Als Theo bei der Mühle anrief und fragte, ob man dort für ihn 800 Kilogramm Senfsaaten mahlen könne, lachte man sich am anderen Ende der Leitung schlapp. »Wenn die die Mühle gereinigt haben, ist eine Tonne Senfsaat rausgefallen. 800 Kilo waren für die lächerlich.« Daher schafften sich Hartls eine eigene Senfmühle an. An jedem zweiten Samstag hieß es süßen Senf kochen und 3.000 Gläser abfüllen. Eberhard König, mit dem Theo ein Tonstudio hatte, stieg sofort mit ein. In Theos Band hatte er nicht nur Keyboard gespielt und sich autodidaktisch zum Toningenieur ausgebildet, sondern ist zudem studierter Chemiker. »Eberhard geht allem auf den Grund. Er hat sich beim Patentamt und Deutschen Museum informiert und sich alles über das Herstellen von Senf reingezogen.« Schließlich fand das Duo mit Kriegl Essig in Pilsting eine Essigbrauerei, die auch heute noch zu ihren Lieferanten zählt. Nach drei Jahren war das Projekt abgeschlossen und Münchner Kindl Senf ein reines Bio-Lebensmittel. »Als Mitglied des Essig- und Senfverbands (seit 2009 Kulinaria Deutschland e. V.) waren wir 15 Jahre lang die absolute Lachnummer, Ökospinner halt. Heute wollen alle vom Bio-Markt profitieren.«

Der schon bald erfolgende Durchbruch hätte dem Unternehmen knapp 30 Jahre später fast das Genick gebrochen. Dass es heute überhaupt noch Münchner Kindl Senf gibt, ist dem unternehmerischen Mut und der Ausdauer der Familie Hartl geschuldet. Auch eine Portion Sturheit wird beteiligt gewesen sein. »Aufzugeben wäre ein Verrat an meinen eigenen Idealen gewesen. Mit bio habe ich begonnen, weil ich überzeugt war, das Richtige zu tun«, sagt Theo in festem Ton. Von seinem Gesicht verschwindet im Laufe unseres Gesprächs immer wieder das Lächeln, wenn wir über die schwierigen Zeiten sprechen, die im Nachgang den Wert eines Einfamilienhauses, schlaflose Nächte, literweise Tränen und nicht zuletzt auch Arbeitsplätze gekostet haben. Zu tief sitzt immer noch der persönliche Schmerz, menschlich dermaßen enttäuscht worden zu sein. Zum Zeitpunkt meines Besuchs erholen sich Familie und Unternehmen noch von der bislang schwersten Krise.

Ende der 1980er kaufte Theo den Bio-Zucker bei einem Großhändler, den ich an dieser Stelle »Öko-Händler« nennen möchte, da ich den echten Namen nicht erwähnen kann. »Der damalige Verkaufsraum war gerade einmal so groß wie mein Wohnzimmer, die Waren lagen in Ikea-Regalen«, erzählt Theo. Heute ist der Öko-Händler eine bekannte und erfolgreiche Handelsmarke. Als Theo ihn kennenlernte, erfüllte er als Dreh- und Angelpunkt für das Verteilen der Bio-Produkte an den Handel eine wichtige Rolle. Der Großhandel baute sich erst schrittweise professionelle Strukturen auf. Schnell freundeten sich der Inhaber und Theo an und begründeten ihre Zusammenarbeit. Theo stellte den Senf her, den der Öko-Händler unter seinem Markennamen vertrieb. Für beide

Von links nach rechts: Katrin, Lisana, Catalina und Theo. Foto: Münchner Kindl Senf

Seiten ein gutes Geschäft, denn Theo konnte sich voll und ganz auf die Produktion konzentrieren und musste sich keine Gedanken um den Vertrieb machen. Die Freundschaft vertiefte sich immer weiter, die Familien fuhren gemeinsam in den Urlaub. Auf Messeständen stellte Theo live Senf her, weswegen er heute manchmal noch als »Herr Öko-Händler« angesprochen wird. Gemeinsam wuchsen die Unternehmen.

Schon bald platzte die Produktion in der heimischen Garage aus allen Nähten und zog nach Gröbenzell um. Mittlerweile fragten die Kunden auch nach mittelscharfem Senf; weitere Produkte wie Mayonnaise kamen hinzu. Der Bio-Boom 2006 riss Münchner Kindl Senf mit sich, so dass auch Gröbenzell zu eng wurde. Zwei Jahre später bezog das Unternehmen seinen Neubau, in den die Familie drei Millionen Euro in Form eines Bankkredits investiert hatte.

Zu dieser Zeit gab es schon erste Zweifel an der Zusammenarbeit mit dem Öko-Händler, denn durch ihn landete der Senf auch in Japan und Australien. »Ist es ökologisch vertretbar, die Waren um die halbe Welt zu schippern? Spätestens jetzt entdeckten wir für uns, wie wichtig Regionalität ist«, sagt Theo. 1995 schloss sich Münchner Kindl Senf dem regionalen Hersteller- und Vertriebsnetzwerk Brucker Land, heute Unser Land, an. Erzeuger aus elf Landkreisen und München sind vertreten. Durch das Netzwerk lernte Theo Kramerbräu kennen, das seitdem regionales Sonnenblumenöl liefert, für ihn auf eigenen Flächen Senf anbaut und Senfsaaten bei weiteren bayerischen Vertragslandwirten einsammelt, reinigt und lagert. Auf den eigenen Flächen steht der Senf häufig im sogenannten Mischfruchtanbau gleichzeitig mit Erbsen auf dem Acker. »Senf in der ökologischen Landwirtschaft anzubauen kann manchmal sehr ernüchternd sein«, erklärt Markus Pscheidl, Geschäftsführer von Kramerbräu. »Rapsglanzkäfer sind durchaus imstande, in ein bis zwei Nächten die gesamte Ernte aufzufressen.« Steht jedoch eine zweite Frucht mit auf dem Acker, kann zumindest diese noch geerntet werden und den Totalausfall beim Senf abfedern. Es gibt aber auch weitere Vorteile: Der Senf wächst schnell und gerade, die Erbsen nutzen ihn als Rankhilfe und stabilisieren beispielsweise bei Sturm das Feld. Insgesamt belegen mehr Kulturpflanzen pro Quadratmeter Platz, sodass es für unerwünschte Beikräuter eng wird. Da Erbsen flach und Senf tief wurzelt, versorgen sich beide Kulturen mit Nährstoffen und Wasser aus unterschiedlichen Bodenschichten. Sie sind keine Konkurrenten, sondern nutzen den Boden effektiv. Doch ganz so einfach ist der Mischfruchtanbau nicht. Beide Kulturen müssen gleichzeitig erntereif sein und sich auf dem Acker mindestens dulden, im besten Fall sogar ergänzen. Wie jeder Hobbygärtner weiß, vertragen sich nicht alle Pflanzen untereinander.

Schon bei der Aussaat beginnt der hohe Aufwand. Die Erbse möchte tiefer als der Senf abgelegt werden, die landwirtschaftlichen Sämaschinen können standardmäßig aber nur einheitlich in einer Tiefe ablegen. Selbst der beste Mittelwert wirkt sich auf beide Kulturen beim Keimen negativ aus, denn keine von beiden hat ideale Startbedingungen. Zudem wird die Mischung beim Säen auf dem Acker durchgerüttelt. Die feinen Senfkörner rieseln nach unten in die Hohlräume zwischen den Erbsen. Fachkundige sprechen vom Entmischen. »Ab einem gewissen Punkt ist die Aussaat ungenau auf der Fläche verteilt.« Kramerbräu hat dieses Problem mit einer speziellen Sämaschine gelöst, die in einem Arbeitsgang zwei Saaten getrennt in unterschiedlichen Tiefen ablegen kann. Viele Landwirte scheuen verständlicherweise den hohen Arbeitsaufwand und die nötigen Investitionen, wenn Senf nur einen geringen Anteil an der hofeigenen Fruchtfolge ausmacht. Zumal auch nicht jeder Betrieb eine eigene Siebmaschine besitzt, um Erbsen und Senf nach der Ernte zu trennen. »Daher haben es Innovationen oft schwer, sich in der Praxis flächendeckend durchzusetzen – zumal der Mischfruchtanbau definitiv kein Lehrinhalt in der Ausbildung oder im Studium ist.« So mancher Landwirt habe der Anbauform auch schnell wieder den Rücken gekehrt, wenn sich nicht die gleichen Vorteile wie bei Kramerbräu eingestellt haben. »Es funktioniert eben nicht überall und nicht in jedem Jahr. Im Detail ist es äußerst anspruchsvoll«, resümiert Pscheidl.

Doch zurück zu Münchner Kindl Senf. Alle verwendeten Senfsaaten stammen aus Bayern, circa zehn Produkte bestehen ausschließlich aus bayerischen Rohstoffen. Das hat seinen Preis. »Auf dem Weltmarkt kann ich Senfsaaten für 30 bis 60 Cent pro Kilogramm einkaufen. Unseren heimischen Bauern zahlen wir zwischen 2,30 und 4 Euro«, erklärt Theo. Ich muss schlucken und hoffe, dass Betriebswirte und Betriebswirtinnen, die diese Zeilen lesen, keinen Herzinfarkt erlitten haben. »Der Landwirt in der Ukraine kauft von mir keinen Senf und der einheimische auch nicht, wenn er keine Einnahmen hat. Man muss immer den Kreislauf betrachten«, erklärt mir der Sturkopf. Gleiches Spiel beim bayerischen Rübenzucker, der im Vergleich mit Zucker aus Übersee »zu teuer« ist. Theo reibt sich die Hände: »Der Lieferant der Bio-Eier ist nur wenige Kilometer entfernt. In seinem Hofladen verkauft er unsere Mayonnaise, für die er uns eine wichtige Zutat liefert. Das ist bislang der kleinste regionale Kreislauf, den ich etablieren konnte.« Ein gewisser Stolz schwingt in seiner Stimme mit.

Für ihren hohen Aufwand benötigten die Hartls im Laufe der Zeit vom Öko-Händler eine höhere Marge, sprich pro Glas und Eimer einige Cent mehr. Die Gespräche nahmen an Schärfe zu. »Es ging immer mehr in den Kampfmodus. Man sagte uns, auch andere stellten einen guten Senf her, und wir sollten uns genau überlegen, ob wir die Preise erhöhen«, erinnert sich Katrin. »Wir wollten nicht reich werden, sondern mussten auch immer wieder in unseren Betrieb investieren. An einem Eimer Mayonnaise hätten uns schon zehn Cent Gewinn gereicht.« In die gleiche Kerbe schlägt Theo: »Wir waren mit dem Öko-Händler Marktführer im Fachhandel und konnten davon trotzdem nicht nachhaltig leben. Wäre auch nur eine Maschine ausgefallen, hätte es uns zerbröselt.«

Hartls fanden aus ihrer Sicht kein Verständnis beim Öko-Händler, das ehemals sehr gute Verhältnis kühlte sich immer weiter ab. Eberhard König meinte einmal: »Die ruinieren uns.« Auf der anderen Seite sollten sich die Produkte qualitativ stets verbessern und beispielsweise das Bioland-Siegel tragen. »Wir mussten um jeden Cent kämpfen, das ist richtiggehend eskaliert«, meint Katrin. Die Tonlage ihrer Stimme ändert sich um Nuancen, während sie mir das erzählt. Äußerlich scheint sie mir in ruhiger Art die Fakten zu präsentieren. Ein aufmerksamer Beobachter merkt jedoch, wie sehr sie innerlich aufgewühlt ist. »Es gibt immer mehrere Wahrheiten«, betont Theo. »In den Augen des Öko-Händlers sind wir die Bösen, die immer mehr Geld gefordert haben. Wir sollten unsere Kosten reduzieren und die Rohstoffe billiger einkaufen. Wir wollten allerdings nicht auf den regionalen Anbau verzichten.«

Ab einem gewissen Punkt standen die Hartls mit dem Rücken zur Wand, da sie de facto vom Öko-Händler abhängig waren. Nur über tegut verkauften sie Senf unter ihrem eigenen Markennamen,

Die Senfsaaten stammen ausschließlich aus bayerischem Anbau. Foto: Münchner Kindl Senf

damit dieser nicht erlosch. Denn einen Markennamen kann man nur dann behalten, wenn man ihn auch nutzt. Der Umsatzanteil mit Unser Land betrug nur rund zehn Prozent. Aus Branchenkreisen erfuhren Hartls, dass sie beim Öko-Händler in der nächsten Zeit gegen einen anderen Lieferanten ausgetauscht werden sollten. Daher reifte 2011 der Entschluss, unter dem eigenen Namen Senf, Mayonnaise und Soßen in den Naturkostfachhandel und in den Lebensmitteleinzelhandel zu bringen. Hier würde die Marge für die eigenen hohen Qualitätsansprüche ausreichen. Das brachte das Fass zum Überlaufen. Der Öko-Händler ersetzte die Produkte von Münchner Kindl Senf schrittweise. »Für uns war das ein Knockout, weil wir innerhalb von kurzer Zeit fast den gesamten Umsatz verloren haben«, sagt Katrin. Die ansonsten nach Einschätzung der Hartls so knallharte Einkäuferin des Öko-Händlers weigerte sich, die schlechte Nachricht per E-Mail zu überbringen, sondern tat dies in einem persönlichen Gespräch nach Aussagen von Theo unter Tränen. Sie habe genau gewusst, was dieser Schritt für die Hartls bedeutete. Die enge Freundschaft mit dem Gründer des Öko-Händlers ist darüber zerbrochen.

Zunächst flogen ausgerechnet der mittelscharfe Senf und die Mayonnaise aus dem Sortiment des Öko-Händlers – zwei Artikel mit hoher Nachfrage und entsprechendem Bestellvolumen. Spätestens ab 2015 brachen extrem harte Zeiten an. »Mitarbeiter zu entlassen war das Schlimmste«, erinnert sich Lisana. Die halbe Belegschaft musste gehen – Vollzeitmitarbeiter wie 450-Euro-Kräfte. Auch hier flossen Tränen. Hartls investierten privates Geld, schraubten ihre Gehälter nach unten. Theo bekommt zum Zeitpunkt meines Besuchs immer noch keines. Das Produktportfolio wurde verkleinert, um sich zunächst auf die Renner zu konzentrieren. »An der Qualität haben wir zu keinem Zeitpunkt gespart«, stellt Theo klar.

Mit dem Öko-Händler habe ich auch gesprochen und ihn nach seiner Perspektive gefragt. Schriftlich teilte mir das Unternehmen mit: »Für uns war definitiv der Schritt von Münchner Kindl Senf, mit der eigenen Marke ebenfalls den Fachhandel zu beliefern und damit den bis dahin geltenden Vertrag der exklusiven Belieferung aufzukündigen, ausschlaggebend, sich nach einem anderen Lieferanten umzusehen. Mit identischen Produkten auf dem engen Fachhandelsmarkt zu agieren machte für uns keinen Sinn.« Dieser Schritt soll noch vor den strittigen Preisverhandlungen gewesen sein. Im Nachgang lässt sich nicht mehr im Detail klären, wer bei den Gesprächen was wann zu wem gesagt hat. Theo ist dem Öko-Händler auch heute noch dankbar. »Wir haben ihm geholfen, zur Qualitätsmarke zu werden, und ohne ihn hätten wir nie im Leben so viel Bio-Senf unter die Leute bringen können.« Der Öko-Händler schreibt seinerseits: »Für uns ist das Thema beendet, und auch wir sind dankbar für die sehr gute gemeinsame Zeit.«

Als Münchner Kindl Senf wieder unter eigenem Namen auf den Markt kommt, taucht ein hässliches Gerücht auf. Münchner Kindl Senf sei ein industrielles Großunternehmen, welches nur als Feigenblatt ein paar Bio-Produkte im Sortiment habe. Auch heute noch müssen die Hartls mitunter selbst Branchenkenner überzeugen, zu den Bio-Pionieren zu gehören. Das Gerücht kostet mit Sicherheit nicht nur Umsatz, sondern Nerven. Mit Fleiß und Spucke hat die Familie das tiefste Tal der Krise überwinden können: 2018 schrieb das Unternehmen erstmals wieder schwarze Zahlen.

Ein Lichtblick war der Großhändler Weiling. Zudem hatte die Regionalabteilung von Rewe die Produkte für sich entdeckt. Allerdings waren manche Großhändler weniger begeistert von der Kooperation mit Rewe und strichen Münchner Kindl Senf aus ihrem Sortiment, da das Unternehmen dem Fachhandel untreu ist. Knackpunkt: Hartls möchten nicht extra für den Lebensmitteleinzelhandel einen neuen Markennamen wählen, wie das andere Hersteller machen. Lisana ist skeptisch: »Die Kosten für das Marketing würden sich verdoppeln, und wer soll denn bitte schön das Gesicht für die neue Marke sein?« Theo setzt noch einen drauf: »Das identische Produkt unter zwei Markennamen zu verkaufen ist eine Lüge. Bekommen die Kunden es im Lebensmitteleinzelhandel billiger als im Naturkostfachgeschäft, werden die dortigen Kunden betrogen.« Hartls achten darauf, dass ihre Produkte stets zum gleichen Preis angeboten werden, auch wenn sie das nicht immer unter Kontrolle haben. Rein vom Fachhandel können sie nicht leben und brauchen die Vertriebskanäle im Lebensmitteleinzelhandel. »Wir wollen nicht für eine Elite oder geschlossene Gesellschaft produzieren. Bio muss für alle da sein. Dazu müssen Bio-Lebensmittel auch im konventionellen Handel und beim Discounter erhältlich sein. Es darf allerdings nicht zur Ramschware werden, und auch bio aus China sehe ich skeptisch«, meint Theo. Da Bioland mit Lidl kooperiert, könnte dort auch Münchner Kindl Senf erhältlich sein, worauf Hartls allerdings verzichten. »Das ist nur ein genialer Werbegag – Lidl küsst dich und spuckt dich wieder aus.« Daher müsse man genau überlegen, welche Lebensmittel in welcher Bio-Qualität man in Discountern überhaupt anbieten könne. Familie Hartl jedenfalls beliefert sie nicht. Ein echter Gewinn ist die Gastronomie, die Senf und Mayonnaise in Eimern kauft und diese zuvor beim Öko-Händler bezogen hat. Nach dem Lieferantenwechsel haben sich einige für den Originalhersteller und damit für Münchner Kindl Senf entschieden. Schließlich muss man den Kunden ja erklären, warum der Kartoffelsalat plötzlich anders schmeckt.

»Unterm Strich haben wir uns richtig entschieden, denn wir arbeiten jetzt selbstbestimmt«, sagt Theo. »Wir etablieren uns zum Glück wieder stetig«, meint auch Katrin. Doch es wird wohl noch eine Weile dauern, bis das große Produktionsgebäude wieder voll ausgelastet ist. »Mit Sicherheit wollen wir keine Global Player werden, sondern das Handwerk und die Qualität bewahren«, stellt Theo abschließend klar.

Das Interview mit Markus Pscheidl habe ich am 16. Oktober 2019 telefonisch geführt, er war bei meinem Besuch bei Münchner Kindl Senf nicht vor Ort.

Was für ein Saftladen!

Voelkel Naturkostsafterei, Niedersachsen

Zögerlich gibt der Nebel den Blick auf das flache Land frei. Trotz der frühen Stunde an diesem Herbstmorgen wärmen mich die ersten Sonnenstrahlen, und über mir ziehen Kraniche, ihren Abschied lautstark verkündend, in ihr Winterquartier. Das kleine Örtchen Pevestorf dagegen ist die Ruhe selbst. Die Luft ist dermaßen klar und frisch, dass ich auf dem Weg zu meinen heutigen Gesprächspartnern immer wieder stehen bleibe, um tiefe Atemzüge zu nehmen. Der Reisestress der vergangenen Wochen fällt für kurze Zeit von mir ab. Nun kann ich ahnen, warum Margret und Karl Voelkel sich damals in das Wendland verliebt haben.

Gemeinsam mit zwei weiteren gleichgesinnten Ehepaaren wollten sie 1919 nahe Pevestorf eine freie Siedlung gründen. Sie folgten dem Ruf der Wandervogel-Bewegung, kurz nach Ende des Ersten Weltkriegs gesellschaftliche Zwänge aufzulösen und ein naturnahes Leben zu führen. Kurz gesagt, waren es die Hippies der damaligen Zeit. Voelkels erwarben zusammen mit den anderen Siedlern 15 Morgen kargen Sandboden, und schon bald sollte es mit der Öko-Romantik vorbei sein und der harte Arbeitsalltag einziehen. Der Traum von einer freien Siedlung platzte, Margret und Karl standen bald alleine da. Das bestellte und bereits bezahlte »Schneckenhaus« – heute würde man es »Tiny House« nennen –

wurde nicht geliefert, da das Unternehmen pleiteging. Das Geld war futsch, und es galt daher, die kalte Jahreszeit in einer nicht winterfesten Hütte zu überstehen. Die gepflanzten Apfelbäume und Johannisbeersträucher würden erst in Jahren Erträge liefern, und so bauten Karl und Margret schließlich Erdbeeren an. Die Früchte ihrer Arbeit verkauften sie unter anderem in Lenzen am anderen Elbufer – Hin- und Rückweg bedeuteten jeweils einen langen Fußmarsch. Doch die Kundschaft riss sich förmlich um die gut schmeckende Ware. Irgendwann erreichten die beiden die Gedanken von Rudolf Steiners landwirtschaftlichem Kurs, den er 1924 in Koberwitz hielt. Seitdem prägte die biologisch-dynamische Philosophie die Siedler Margret und Karl und das Unternehmen Voelkel – auch heute noch.

Nach und nach nahm das eigene Haus Formen an: Ein Zimmermann baute das Fachwerk, der Rest war Eigenleistung – sogar die Lehmsteine haben die beiden selbst hergestellt. »Wir hatten längst erkannt, dass unser eigener Grund und Boden uns nie eine sichere Existenzgrundlage geben würde, und so dachten wir uns, durch eine Lohnmosterei eine Erwerbsquelle nebenher zu schaffen«, schreibt Margret in ihrem Buch.[19] Am 9. Mai 1936 genehmigte der Reichsnährstand den Aufbau einer Lohnmosterei. Fortan zog Karl mit der mobilen Saftpresse »Mostmax« über die Dörfer. Die Leute brachten ihre Äpfel und nahmen Saft mit nach Hause. Schon fragten die Ersten nach mehr Apfelsaft, sodass Karl schließlich 100 Zentner Mostäpfel zukaufte. Mittels der Baumannschen Glocke konnte er den Saft haltbar machen, was damals eine technische Innovation und im Rückblick betrachtet ein wichtiger Schlüssel für den weiteren Erfolg war.

Schon bald reichten die Räumlichkeiten nicht mehr aus, und so zog die Mosterei in eine aufgegebene Meierei am heutigen Unternehmensstandort. Der Grundstein für die Naturkostsafterei Voelkel war gelegt. Doch zunächst galt es schwere Rückschläge zu verkraften. Nur Sohn Harm kehrte aus dem Zweiten Weltkrieg zurück, seine

Die Siedler Magret und Karl Voelkel legten im wahrsten Sinne des Wortes den Grundstein für die Naturkostsafterei. Foto: Voelkel

Brüder Reinhard und Volker waren gefallen. Rund um Pevestorf brannten amerikanische Soldaten mehrere Bauernhöfe nieder, in der Mosterei waren die Glasballons zerschossen, der Apfelsaft auf dem Boden verteilt. Die zum Glück unbeschädigte Zentrifuge konnte Margret auf ihrem Fahrrad retten.

Vater und Sohn bauten nach dem Krieg die Saftkelterei weiter aus. Harm Voelkel leitete das stetig wachsende Unternehmen, bis er leider erkrankte und Sohn Stefan 1980 im Alter von 22 Jahren das Ruder übernahm. Schon als Kind erntete er im Herbst gemeinsam mit der Familie Äpfel, und der Geschmack der hocharomatischen, alten Sorten prägte sich tief bei ihm ein. »Andere Kinder haben immer Cola oder Fanta getrunken, ich fand das Zeug unmöglich«, meint er kopfschüttelnd. Als Jugendlicher durfte er alleine die Saftpresse bedienen und war darauf mächtig stolz. Nach dem Abitur dachte er, endlich »frei« zu sein und eine Weltreise antreten zu können. Seine Mutter schlug ihm stattdessen einen Saftkurs in Frankfurt am Main vor. »Da habe ich sofort zugesagt, denn die Großstadt Frankfurt war, von Pevestorf aus gesehen, ja auch eine kleine Weltreise«, sagt er lachend. Tatsächlich prallten Welten aufeinander. »In Frankfurt haben meine Kollegen eher vom Äppelwoi (zu hochdeutsch Apfelwein) geschwärmt oder wie sie Säfte per Computer in automatischen Anlagen mischen, ohne sich die Hände schmutzig zu machen. Ich habe über das Pressen von Roter Bete gesprochen und geschwärmt, dass ich abends rote Hände habe.« Als Geschäftsführer absolvierte er außerdem die Ausbildung zum Facharbeiter für Fruchtsafttechnik und legte die Meisterprüfung ab. Hier kam er in Kontakt mit der konventionellen Fruchtsaftindustrie und deren geklärten Säften und Konzentraten. »Erst das ganze Aroma raus und am Ende wieder hinzugeben. Mir lag eher daran, mit so wenigen technischen Schritten wie möglich die Ursprünglichkeit in die Flaschen zu bringen und das fortzusetzen, was meine Großeltern begonnen haben.« Heute sind »natürliche Zutaten frei von Zusatzstoffen« bestes Marketing-Sprech, damals wirkte Stefan wie der Bauer vom Lande, der keine Ahnung von den Vorteilen moderner Produktionsmethoden hat. Doch ein starkes Bewusstsein für die Schätze der Natur wohnt ihm inne.

»Keine Äpfel unter den Bäumen verkommen lassen, war Karl und Margrets Gedanke. Damals gab es auch noch viel mehr Streuobstwiesen als heute«, schwärmt Stefan. Er streift damit das Thema Lebensmittelverschwendung, welches mich immer wieder auf die Palme bringt. Daher hake ich nach. Bei Voelkel konnte man Streuobst abliefern, bis der Fachhandel nur noch zertifizierte Ware akzeptierte. Zwar werden die Wiesen ökologisch bewirtschaftet, aber in der Regel nicht bio-zertifiziert. Der Aufwand ist schlicht zu groß. »Die tolle Rohware aus der Region konnten wir dann nicht mehr in der Bio-Schiene vermarkten. Über Jahre wurde bei dem Gedanken daran mein Herz immer enger.« Daher initiierte Stefan 2001 den Bio-Streuobstwiesenverein Elbtal. Dieser kümmert sich um die Zertifizierung der Streuobstwiesen seiner Mitglieder. Nach zweijähriger »Umstellungsphase« ist das Obst offiziell bio, und Voelkel garantiert die Abnahme. Die Liefermengen schwanken je nach Mitglied zwischen wenigen Hundert Kilogramm und mehreren Tonnen. Ausgezahlt wird wahlweise in Saft oder in Euro. »Auf brachliegenden Flächen von Gemeinden sollten Obstbäume gepflanzt werden, das ist ja auch ein gutes Mittel für den Klimaschutz. Jeder Mensch sollte drei Bäume im Jahr pflanzen, lass uns das jetzt mal so festlegen.« Stefan sprüht dermaßen vor Energie, dass ich kurz fürchte, er schnappt sich einen Spaten, stürmt aus dem Besprechungsraum und fängt schon mal an. Daher bringe ich unser Gespräch schnell auf die Anfangszeiten von Voelkel zurück. Schon Großvater Karl hatte die Reformhäuser in Hamburg beliefert, Vater Harm Gemüsesäfte eingeführt. Als in den 1970er-Jahren schließlich der Naturkosthandel zart aufblühte, war das Unternehmen bereit für die Nachfrage. Es dauerte nicht lange, bis die Säfte in den ersten Bio-Läden standen.

Anfang der 1970er gründete Werner Adam den ersten Bio-Laden in Berlin, woraus später der Großhändler Terra hervorging. »Ich sehe es noch vor mir, wie er mit seinem alten VW-Bulli vorfuhr und ich stolz wie Oskar beim Beladen geholfen habe – bis oben hin. Das Auto war natürlich hoffnungslos überladen«, erinnert sich Stefan mit einem Funkeln in den Augen. Auch der Großhändler Dennree zählte zu den ersten Kunden. Der Fachhandel wuchs und mit ihm Voelkel. »Ich war so im Tun, dass ich damals gar nicht gemerkt habe, ein Teil einer unglaublich tollen Bewegung zu sein.« Heute führen nach eigenen Angaben 95 Prozent aller Bio-Läden Voelkel-Produkte, von denen es mittlerweile über 200 gibt. »Wir sind hier alle schon ein wenig verrückt, weil es uns so großen Spaß macht«, gibt er angesichts der Produktvielfalt lachend zu. »Es muss und darf im Leben nicht immer alles rational sein, und dafür setzen wir uns ein.« Ich muss zugeben, so etwas habe ich von einem Geschäftsführer noch nicht gehört. »Wir wollen die Vielfalt im Geschmack, im Denken und auf dem Acker«, betont er. Auch wenn sich ein Produkt schlecht verkauft, wird es nicht sofort ausgelistet.

Das Schwesterunternehmen Elbtalaue beliefert mit der eigenen Marke »Saftwerk« den Lebensmitteleinzelhandel und produziert unter anderem für Müller, dm und Alnatura. Den Kunden kann man die volle Bandbreite liefern, wie beispielsweise Möhrensaft aus ökologischem Anbau, als günstige Demeter-Variante, bei der Hybridsorten verarbeitet werden, oder das Demeter-Premiumprodukt aus samenfesten Sorten. Dazu später mehr.

Die Hälfte des Umsatzes erzielt Voelkel mit der Produktion für Dritte. Ich höre schon die Diskussionen, dass das Unternehmen durch die Hintertür dem Fachhandel schon lange untreu geworden sei. »Engagierte Kaufleute, die Demeter und die ökologische Landwirtschaft voranbringen wollen, sollen auch Zugang zu den Produkten bekommen.« Stefan sieht auch Vorteile für den Fachhandel, wenn das Interesse an Bio-Lebensmitteln geweckt wird. »Die steigende Nachfrage möchten wir nicht großen, konventionellen Firmen überlassen, die bio nur nebenbei machen. Wir haben über viele Jahrzehnte die Basisarbeit geleistet und die Konsumenten sensibilisiert, als alle noch über bio gelacht haben. Zudem müssen wir aufpassen, als hundertprozentiger Bio-Betrieb nicht als reiner Spezialitätenhersteller zu enden.« Das Ziel: Kundinnen und Kunden dort abzuholen, wo sie stehen, und abseits von ideologischen Diskussionen den Flächenanteil der ökologischen Landwirtschaft weiter vergrößern. »Für die ökologische Agrarwende brauchen wir diese unterschiedlichen Vertriebswege«, sagt Stefan und atmet leicht genervt hörbar aus. »Wir wollen den Öko-Landbau mal endlich steigern.« Seine Ungeduld kann ich nachvollziehen. »Nur knapp zehn Prozent der Flächen werden in Deutschland ökologisch bewirtschaftet. Das ist viel zu wenig, um Glyphosat und andere Pestizide endgültig zurückzudrängen«, sagt er ernst.

Anbauer, Verarbeiter und Händler wollen gemeinsam die ökologische Agrarwende voranbringen; diese romantische Vorstellung habe ich spätestens seit meinen Recherchen für dieses Buch verloren. Zu oft habe ich von Preisdruck und den gleichen Marktmechanismen wie im konventionellen Bereich erfahren. Auch Stefan schüttelt traurig den Kopf, da nicht alle Akteurinnen und Akteure das gleiche ökologische Ziel eint und sie sich daher auch nicht entsprechend kooperativ verhalten. Noch viel zu oft ist der persönliche Vorteil zu stark im Fokus. Stefans Sohn Boris habe ich auf der Saatguttagung der Zukunftsstiftung Landwirtschaft[20] im Januar 2019 kennengelernt und war sehr erstaunt, dass ausgerechnet dieser Mensch den Einkauf bei Voelkel leitet. Boris ist auf den ersten Blick ein gemütlicher Typ. Wer sich jedoch auch nur kurz mit ihm unterhält, merkt schnell, wie sehr er vor Begeisterung förmlich sprüht. Marke: optimistischer Weltverbesserer. Als einen knallharten Einkäufer kann ich ihn mir nicht vorstellen. Allerdings werde ich im Laufe unseres Gesprächs erfahren, dass er durchaus auch laut werden kann. Nämlich dann, wenn er etwas als ungerecht empfindet.

»Als Einkäufer hart auftreten zu müssen ist ein komplett überholtes Menschenbild. Da schwingt das Misstrauen mit, dass mich jeder betrügt, der die Möglichkeit dazu hat«, winkt Boris ab. »In Verhandlungen repräsentiere ich meist das größere Unternehmen. Wenn ich einen Vertrauensvorschuss gebe und mich dadurch verletzlich mache, erschüttert das viele im positiven Sinne. Eine solche Geste sind sie nicht gewöhnt.« Viel wichtiger sei es, die Beziehungen zu pflegen und möglichst immer bei den gleichen Lieferantinnen und Lieferanten einzukaufen – und nicht dort, wo es gerade bei gleicher Qualität am billigsten ist. »Ein gutes Erntejahr ist oft schlecht für die Landwirte, weil die Preise in den Keller gehen. Im Grunde muss jeder hoffen, alleinig eine gute Ernte einzufahren – ansonsten ist er vielleicht bei einer angespannten finanziellen Situation dem Untergang geweiht. Das ist doch zynisch.« So sei 2018 ein gutes Apfeljahr gewesen. »Eine Tonne konventionelle Äpfel aus Polen hat gerade einmal 30 Euro gekostet, und das ist pervers billig.« Es gelte vielmehr, eine Balance zu finden. So gab es 2019 aufgrund von Sonnenbrand,

Von links nach rechts: Vater Stefan mit den Söhnen Jacob, Jurek, Boris und David. Foto: Voelkel

Hagelschäden und Schorf ein Überangebot an konventionellen und ökologischen Mostäpfeln, die aufgrund der optischen »Mängel« nicht als frische Ware abgesetzt werden konnten und schnell verarbeitet werden mussten. In einer solchen Situation liegt alle Macht beim Einkäufer, doch Boris hat freiwillig pro Kilo fünf Cent mehr gezahlt. »Es geht mir dabei weniger um Altruismus, sondern vielmehr um resiliente, gesunde Strukturen.« Dafür hofft er im Gegenzug, bei knappem Angebot selbst einen fairen Preis zu bekommen. Das ist der erwähnte Vertrauensvorschuss. Ich muss wohl ein dermaßen skeptisches Gesicht zur Schau stellen, dass Boris gleich mehrere positive Beispiele nennt.

Drei Demeter-Landwirte aus Deutschland pflanzten im Auftrag von Voelkel schwarze Johannisbeeren und gingen damit in Vorleistung. Statt einjähriger Kulturen wie Getreide standen nun Obststräucher auf dem Acker, die erst in ein paar Jahren Früchte hervorbringen würden. Ein Preis für die Lieferungen war nicht vereinbart. Bei der ersten Ernte wollten die Landwirte 1,80 Euro pro Kilogramm. Zuvor hatte Voelkel schwarze Johannisbeeren in Polen gekauft. Dort war die Ernte so gut, dass ein Kilogramm lediglich 40 Cent kostete und die deutsche Ware damit mehr als viermal so teuer war. »Wir verarbeiten im Jahr 200 Tonnen schwarze Johannisbeeren, daher wirkt sich ein solcher Preisunterschied extrem aus.« Boris lud schließlich alle Beteiligten zu einem runden Tisch ein, und man einigte sich auf 1,20 Euro pro Kilogramm. »Jeder ist zufrieden aus dem Treffen gegangen.« Ein Betriebswirtschaftler bekommt beim Gedanken, freiwillig den dreifachen Preis zu bezahlen, allerdings Herzrhythmusstörungen. »Auch meine Brüder haben den Kopf geschüttelt, meine Entscheidung aber mitgetragen. Es ist gut und richtig, dass sie meine Arbeitsweise immer wieder hinterfragen.« Ein Jahr später bekamen die Johannisbeerblüten Frost ab, es folgte der zweite extrem heiße und trockene Sommer hintereinander, was letztendlich zu einer großen Missernte führte. »Die Landwirte hätten ihre gesamte Ernte für 2,10 Euro pro Kilogramm sogar an die Marmeladenindustrie verkaufen können. Stattdessen haben sie uns die benötigte Menge für 1,20 Euro pro Kilogramm geliefert und damit auf viel Geld verzichtet.« Das Vertrauen hat sich ausgezahlt.

Zudem sei es wichtig, empathisch und der jeweiligen Situation angemessen einzukaufen. So war der Holundersaft im Hause Voelkel drei Jahre lang defizitär, sprich, er kostete das Unternehmen Geld. »Auf Dauer können auch wir keinen Verlust mit einem Artikel machen«, stellt Boris klar. Daher bat man den Landwirt, der auch Äpfel liefert, im Preis herunterzugehen. Dieser gab jedoch keinen Cent nach, da er frostbedingt einen Totalausfall bei der Apfelernte verkraften musste. Am Ende erhöhte Boris den Kilopreis für Holunderbeeren um 30 Cent. »Man kann nicht alles rein nach Zahlen messen«, sagt er, und ich beginne zu verstehen. Durch hartnäckiges Verhandeln hätte man mit Sicherheit den Preis drücken können, doch dabei würde man riskieren, einen zuverlässigen Lieferanten in den Ruin zu treiben. »Genau das macht aber die klassische Wirtschaft.«

Ein anderer Landwirt baute 2017 samenfeste Rodelika-Möhren für den Frischmarkt an. Wie üblich, säte er mehr aus, als er benötigte – schließlich weiß man nie, wie gut die Ernte ausfällt. Die Übermenge hatte Voelkel abgenommen, zu Saft verarbeitet und im Tank gelagert. »Insgesamt hatten wir dann 1.000 Tonnen Möhrensaft zu viel auf Lager.« Der Landwirt selbst hob für mögliche zusätzliche Bestellungen des Lebensmitteleinzelhandels Möhren auf. Doch im nächsten Frühjahr bekamen diese langsam optische Mängel. Dem Landwirt blieben zwei Möglichkeiten: Voelkel oder Biogasanlage. Boris lehnte zunächst ab, da das Lager in puncto Möhrensaft brechend voll war und die Maschinen nach der Saison zur Wartung auseinandergebaut waren. Die kann man nicht mal eben für zwei LKWs Möhren wieder montieren. Boris erinnert sich noch lebhaft an das Telefonat, denn am Ende der Leitung wurde es nach seiner Absage still. »Keine Sorge, wir finden eine Lösung und kaufen deine Möhren.« Diese wurden zu einer Kelterei in Süddeutschland gefahren und der Saft dann via Tankzug zu Voelkel transportiert. »Trotz des höheren Aufwands haben wir den gleichen Preis für die Möhren bezahlt. Viele Einkäufer hätten die Not des Landwirts ausgenutzt, den Preis gedrückt oder sogar nur angeboten, die Transportkosten zu zahlen. Schließlich ›spart‹ der Landwirt die Vernichtungskosten.«

Boris hat wertvolle Lebensmittel gerettet, keine Frage. Aber aus rein betriebswirtschaftlicher Sicht ergibt sein Handeln keinen Sinn. Das Lager ist brechend voll mit gebundenem Kapital. »Am Ende geht aber immer alles auf«, sagt er mit einem verschmitzten Lächeln im Gesicht. Im gleichen Frühjahr verrechnete sich Boris und ließ darüber hinaus noch 2.000 Tonnen samenfeste Möhren zu viel anbauen. Doch der Sommer 2018 war heiß, 40 Prozent Ausfall bei der Möhrenernte war die Folge. Unerwartet verdoppelte ein Kunde kurz vor der Ernte die Bestellung für seine Eigenmarke und wollte eine Million Flaschen Möhrensaft zusätzlich geliefert bekommen. Plötzlich drehte sich die Situation komplett: Das Lager war mit Möhrensaft nicht mehr brechend voll, sondern es wurde sogar eng. Da meldete sich unaufgefordert der Rodelika-Landwirt und bot Boris zusätzliche Möhren zu einem fairen Preis an. Auf dem Frischemarkt hätte er mehr verlangen können, doch er ahnte die Situation bei Voelkel und wollte helfen. Am Ende ist es knapp aufgegangen. »Meine Brüder und mein Vater haben es oft schwer mit mir, weil sie nicht immer alles fantastisch finden, was ich mache. Dennoch genieße ich ihr Vertrauen und kann frei agieren«, sagt Boris und legt nach: »Im Kampf gibt es nur Verlierer, aber wenn wir zusammenhalten, sind wir alle Gewinner. Es macht Spaß, man bekommt Gänsehaut.«

Doch hin und wieder geht auch etwas so richtig schief. In einer Nacht wurden einmal vier Tankzüge mit Holunderbeeren abgelehnt, da der Anteil an flüchtiger Säure viel zu hoch war. Die Beeren mussten am Ende entsorgt werden. »Das war eine schlimme Nacht«, erinnert sich Boris. Als kleine Entschädigung hat Voelkel die Transportkosten übernommen, doch im Lebensmittelhandel werden auch schon mal ganz andere Saiten aufgezogen. »Ein knallharter Discounter hätte zum Landwirt gesagt: Du zahlst uns jetzt die Vernichtungs- und Wiederbeschaffungskosten und kommst für unseren Gewinnausfall auf. Und den Strick, mit dem du dich aufhängst, bezahlst du auch selbst.« Puh, bei dem Risiko möchte man ja kein Landwirt sein! »Nein, das möchte man dann mit Sicherheit nicht«, stimmt mein Gesprächspartner zu. Zwei der betroffenen Landwirte nahmen ein Jahr später Kontakt mit Voelkel auf, weil ihnen die Zusammenarbeit gefallen hatte und sie auf Demeter umstellen wollten. »Die haben sich regelrecht geniert, ihre Bedingungen für das Vorhaben zu nennen«, sagt Boris und kann sich ein Lachen nicht verkneifen. Am Ende war man sich nach wenigen Minuten einig. Manchmal hilft allerdings nur noch Humor. Bei einer Lieferung Roter Bete waren als Überraschung ein Pflugschar und ein großer Grenzstein gratis mit dabei. Beides richtete entsprechenden Schaden in Voelkels Anlagen an. Als sie den Landwirt deswegen anriefen, meinte er: »Oh, ich vermisse auch noch ein Handy.«

Es gibt noch einen weiteren Grund, warum ich mich auf den Weg ins Wendland gemacht habe. Boris traf ich, wie bereits geschildert, einige Monate zuvor auf der jährlichen Saatguttagung der Zukunftsstiftung Landwirtschaft. Dort plädierte er leidenschaftlich und mitreißend für samenfeste Gemüsesorten und dass es mitunter nur eine faule Ausrede sei, auf Hybride setzen zu müssen. Gerade Demeter sei dann nicht mehr authentisch. In den Demeter-Richtlinien heißt es: »Samenfeste Sorten kommt eine große Wichtigkeit im Hinblick auf den Fortbestand unserer Kulturpflanzen zu, aber auch im Hinblick auf die menschliche Ernährung. Pflanzenqualität heißt auch Ernährungsqualität und Geschmack. Samenfeste Sorten werden gegenüber Hybriden bevorzugt.«[21]

»Bei Bio-Lebensmitteln gehen die Konsumenten davon aus, dass alles bio ist, auch das Saatgut. Keiner würde da an Monsanto, Bayer oder BASF denken.« Doch auch von diesen Firmen oder deren Tochterunternehmen stammt mitunter Saatgut, welches in der ökologischen Landwirtschaft eingesetzt wird. »Mit Hybriden können wir keine authentische biologisch-dynamische Qualität erreichen«, ist sich Boris sicher. Auch heute noch braucht die Agrarwende Pioniere, die neue Wege gehen. Denn vielerorts ist auch die ökologische Landwirtschaft noch von der konventionellen Wirtschaft abhängig. Der Bund Ökologische Lebensmittelwirtschaft schätzt, dass in der ökologischen Landwirtschaft in Deutschland maximal 15 Prozent des eingesetzten Saatguts auf ökologisch gezüchtete Sorten zurückgeht. EU-weit seien es weniger als fünf Prozent. Problem: Die Pflanzenzucht ist mangelhaft finanziert.[22] In Sachen Saatgutforschung hat die Branche zudem Jahrzehnte geschlafen, wie auch bei der ökologischen Tierzucht. Hier wie da steht meist nur die reine Zucht auf Ertrag und Leistung im Vordergrund.

Anders als samenfestes Saatgut können Hybride nur einmal ausgesät und nicht vermehrt werden. Der oder die LandwirtIn muss jedes Jahr neues Saatgut kaufen, wobei die meisten, ehrlich gesagt, bei samenfesten Sorten das auch tun, weil dies oft einfacher ist. Viele Hybridsorten werden weltweit eingesetzt, obwohl sich Boden und Klima massiv unterscheiden. Dann gleichen Hilfsmittel wie (Kunst-)Dünger und Pestizide die Nachteile aus. Doch sie vereinen mehrere Vorteile: Die Früchte sind gleichförmiger, nahezu zeitgleich erntereif, und oft auf schnelles Wachstum getrimmt. Der Ertrag ist dabei vergleichsweise viel höher als bei samenfestem Saatgut. Die Hybrid-Sorten sind oft stark auf wenige Eigenschaften konzentriert gezüchtet, wie beispielsweise eine lange Lagerfähigkeit. Geschmack und Nährstoffe spielen dann nur die zweite Geige, wenn überhaupt. »Ich mache keinem Landwirt Vorwürfe, der im heutigen Marktumfeld auf Hybride setzt«, stellt Boris klar. Schließlich hat er mit samenfesten Sorten einen höheren Aufwand, gepaart mit geringerem Ertrag. Doch das Thema samenfest ließ Boris nicht mehr los, und so hat er es im eigenen Hause mit Elan vorangetrieben und sicherlich den einen oder anderen damit auch tierisch genervt. Doch auch sein Vater und seine Brüder hatten sich schon über die Jahre damit befasst, sodass Boris' Nachdruck, aktiv zu werden, auf fruchtbare Böden fiel.

Voelkel unterstützt die Saatgutforschung seit Jahren finanziell. »Das sind Investitionen in die Zukunft und für die Allgemeinheit«, erklärt Jurek Voelkel, Leiter Marketing und Verkauf. »Die entwickelten Sorten gehören nicht uns, sondern allen.« Die Forschung selbst geht über Dekaden. »Wenn man immer nur das finanziert, was sich schon morgen rentiert, fördert man keine Entwicklung.«

Doch Voelkel ging noch einen Schritt weiter, denn es gilt nicht »nur« zu forschen. Denn die Sorten müssen auch genutzt werden: Für die Marke Voelkel setzt das Unternehmen nach eigenen Angaben zu 99 Prozent auf samenfeste Sorten. Was hier so einfach klingt, ist in der Praxis ein echter Kraftakt, wie mir Jacob Voelkel, Leiter der Produktion, erklärt. So sind die samenfesten Möhrensorten Rodelika und Solvita vergleichsweise trocken und hart. Für einen Safthersteller sind das keine wünschenswerten Eigenschaften. Die Saftausbeute ist wesentlich geringer, und der Maschinenpark wird extrem gefordert. »Die Maische muss mit teilweise dem doppelten Druck gepumpt werden. Das kostet nicht nur Energie, sondern führt auch zu mehr Verschleiß.« Die Messer der Mühle müssen viermal häufiger gewechselt werden. »Jeder Hersteller, der die Wahl hat, entscheidet sich für Hybride. Die lassen sich viel leichter verarbeiten und haben geschmacklich weniger Ecken und Kanten. Samenfeste Sorten muss man gut kennen und sie im richtigen Verhältnis kombinieren, damit hinterher auch der Geschmack harmoniert. Hybride hat man passend für die Verarbeitung gezüchtet – ob die Inhaltsstoffe hier noch so wertvoll sind, ist die zweite Frage.« Die im Bio-Anbau genutzte samenfeste Möhrensorte Rothild ist bei Voelkel aus politischen Gründen ausgeschieden, obwohl sie dem Saft nicht nur einen hervorragenden Geschmack, sondern aufgrund des hohen Carotingehalts auch eine schöne Färbung beschert. Sie ist auf die Firma Hild Samen GmbH zugelassen, welche mittlerweile zu BASF gehört. Mit dem Sonnenmöhre-Saft ist Voelkel im Frühjahr 2020 allerdings ein echter Paukenschlag gelungen. Eine Allianz aus Aktivisten, Gemüsezüchtern und Landwirten hat die alte samenfeste Gochsheimer Gelbe Rübe züchterisch in die heutige Zeit geholt und damit für den Erwerbsanbau wieder verfügbar gemacht. Bevor das Bundessortenamt die Sorte zugelassen hatte, brachte Voelkel bereits den Saft auf den Markt.[23]

Beim Tomatensaft weiter auf die samenfeste Sorte Mauro Rosso zu setzen wurde bei Voelkel intensiv diskutiert. Das Unternehmen Rapunzel (siehe das Kapitel »Wir müssen bio zum Normalfall machen« ab Seite 178) hatte über Jahre die Züchtung dieser Sorte finanziell unterstützt, die seit 2015 im Erwerb angebaut wird und seitdem in jeder von Rapunzels Tomatensoßen entweder einzeln oder als Beimischung enthalten ist. Schon früh hat das

Unternehmen seine italienischen Landwirtinnen und Landwirte mit den Züchterinnen und Züchtern von Sativa zusammengeführt. Schließlich sollte die neue samenfeste Tomatensorte Fruchtfleisch mit angenehmer Säure im Geschmack und unter anderem eine feste Schale für die maschinelle Ernte aufweisen. Damit die Sorte im Erwerbsanbau überhaupt eine Chance hat, muss sie allen Ansprüchen weitgehend gerecht werden. Um das wirtschaftliche Risiko für Landwirtinnen und Landwirte zu senken, garantierte Rapunzel die Abnahme der Ernte. Im nächsten Schritt gilt es, die Zucht weiterer samenfester Tomatensorten zu fördern, die im Erwerbsanbau die Vielfalt bereichern – schließlich ist eine zu wenig. Mauro Rosso eignet sich bestens für Soßen und Passata, in Form von Saft ist sie allerdings viel dickflüssiger, als Konsumentinnen und Konsumenten das bisher gewohnt sind. »Er ist zwar aromatisch, aber er sieht nun anders aus. Damit riskieren wir, Kunden zu verschrecken«, erklärt Boris. Doch alle Sorgen stellten sich einige Monate nach unserem Gespräch als unbegründet heraus. Die befürchtete Reklamationswelle blieb aus, und der Absatz an Tomatensaft ist weiter gestiegen. »Sinnhafte Bio-Produkte werden belohnt«, freut sich Boris.

Eine samenfeste biologisch-dynamische Safttomate gibt es noch nicht, jedoch arbeiten GemüsezüchterInnen daran. Das Thema wird Voelkel weiter vorantreiben. Doch es gibt weitere Herausforderungen und Rückschläge. Bei samenfesten Gurken werden zum Beispiel nur wenige Früchte zeitgleich erntereif. Erst wenn diese gepflückt sind, folgen die nächsten. Was im Hobbygarten von Vorteil ist, um nicht von einer Flut Gurken fortgespült zu werden, bedeutet im Erwerbsanbau zu viele Arbeitsschritte. Auch die 2019 für Voelkel angepflanzten samenfesten Buschbohnen waren ein Totalausfall.

In Sachen Saatgutforschung hat Voelkel noch viel vor, und einiges an Engagement wird erst in Jahrzehnten Früchte tragen. Boris ist im Vorstand des gemeinnützigen Vereins Kultursaat aktiv und somit dicht an der täglichen Arbeit der Züchterinnen und Züchter.[24] Umso wichtiger ist es, dass das Unternehmen auch in Zukunft den Idealen von Margret und Karl Voelkel treu bleibt: biologisch-dynamischen Anbau fördern. Deshalb haben Stefan und seine Söhne 2011 eine Stiftung ins Leben gerufen, der nun das Unternehmen zu 90 Prozent gehört; die restlichen zehn Prozent sind in eine gemeinnützige Stiftung geflossen, die sich um soziale Projekte des Unternehmens sowie um die Förderung der Saatgutforschung kümmert. Die Söhne verzichten damit auf ihr Erbe, bewahren aber die Kernaufgabe des Saftherstellers und schützen das Unternehmen vor einem Aufkauf. »Bio-Unternehmen sollen kein Anhängsel von konventionellen Konzernen werden, was durch Zukäufe allerdings immer wieder geschieht«, sagt Jurek mit Nachdruck.

Stefan, Jurek, Jacob und Boris Voelkel habe ich getrennt interviewt. Bis auf Stefan Voelkel haben wir uns in den Gesprächen geduzt. In dem Kapitel habe ich mich auf die Vornamen meiner Gesprächspartner beschränkt, damit man bei den vielen Voelkels den Durchblick behält. Zudem hat Boris bei unserem ersten Telefonat von sich aus angeboten, meine Reisekosten in Höhe von etwa 300 Euro zu übernehmen. Angesichts des knappen Recherchebudgets habe ich dankend angenommen.

Bio undercover

Huober Brezel, Baden-Württemberg

Huober und ich kennen uns in gewissem Sinne schon lange, denn wir haben viele Abende mit spannenden Filmen oder Serien gemeinsam verbracht. Gerade am Wochenende gönne ich mir dabei gerne entweder etwas Süßes oder eine herzhafte Knabberei. Und manchmal sind es eben die Brezeln oder Salzstangen aus dem Hause Huober. So langsam wird es für ein persönliches Treffen Zeit, daher mache ich mich auf den Weg nach Erdmannhausen in der Nähe von Stuttgart. Das auffälligste Merkmal des Betriebsgeländes sind wohl die sechs himmelblauen Getreidesilos mit den goldenen Ähren auf dem Dach. In der direkten Nachbarschaft liegt das Schwesterunternehmen Erdmannhauser Getreideprodukte. Neben dem Weg, den beide Firmen miteinander verbindet, liegt zu meinem Erstaunen ein Gemüsegarten, der zum angegliederten Riedhof gehört, der auch als Bildungsinitiative für die Firmengemeinschaft fungiert. Den Hof bewirtschaftet Johannes Huober nach Demeter-Richtlinien. Ganz bewusst hält er hier vom Aussterben bedrohte Nutztierrassen wie das Fuchsschaf oder Vorwerkhühner. Letztere genießen nachmittags ihren Auslauf – ganz zur Freude der Kinder aus dem benachbarten Waldorfkindergarten. Wenige Gehminuten entfernt gibt es bei den weiteren Gemüsebeeten Sandkästen, in denen Yamswurzeln wachsen. Dazu gehört auch ein

Schaugarten mit vielfältigen Getreidearten und -sorten aus unabhängiger Züchtung, die Huober und Erdmannhauser verarbeiten. Der Gemüsegarten versorgt die Mitarbeiterkantine mit frischen Zutaten, die mittlerweile auch die öffentlichen Kindereinrichtungen der Gemeinde mit Bio-Essen beliefert – zudem wird der Garten als Erfahrungsfeld für die Belegschaft genutzt. Der enge Kontakt zur Landwirtschaft mit ihren ganz eigenen Rhythmen sei besonders wichtig. Die Übergänge zwischen den einzelnen Betrieben sind nicht nur räumlich fließend, alles ist auf gewisse Art miteinander verwoben. Wie ein lebendiges Dorf.

Meine Neugier kann ich kaum noch bremsen, und ich freue mich darauf, mir die Produktion bei Huober anschauen zu können. Vor allem, da ich ein paar Geheimnisse verraten darf. Die vertraut mir der stellvertretende Produktionsleiter Peter Grötz an. Ähnlich wie in der heimischen Weihnachtsbäckerei werden die Brezeln aus dem Teig ausgestochen, nur dass dies maschinell geschieht. Teigreste führt die Maschine zurück, damit diese wieder untergeknetet werden können. »Andere Hersteller spritzen den Teig in der Form von Brezeln aus und ersparen sich unsere Arbeitsschritte. Dadurch benötigen sie weniger Maschinen und sparen letzten Endes Kosten«, erklärt Grötz. Also scheint man bei Huober nicht ganz auf der Höhe der Technik zu sein, wenn die sturen Schwaben an dieser Stelle zu viel Aufwand betreiben. »Wenn wir Brezeln ausstanzen, ist nach dem Backen die Porung besser.« Zudem wird der Teig schonend ausgerollt und darf atmen. Er passiert mehrere Walzen, bis er die richtige Dicke hat.

Die platten Brezeln drehen nun auf einem Fließband eine Runde durch den Gärkanal, der sich über die gesamte Länge der 35 Meter langen Backstraße zieht. Einmal hin und zurück, und der Teig ist schön aufgegangen. So mancher konventionelle Hersteller würde auch hier abkürzen und auf das natürliche Gären der Hefe verzichten. Zusatzstoffe sorgen dann dafür, dass der Teig aufgeht. Dadurch spart man Zeit, Energie und eine weitere Maschinenkomponente. »Auf den

Blick in den Ofen. Foto: Jens Brehl

Gärkanal werden wir nie verzichten, er ist ein weiteres Geheimnis unserer Qualität«, schwärmt Grötz. Nun nehmen die Brezeln noch ein Laugenbad und genießen eine anschließende Dusche mit grobem Salz, bevor es in den Ofen geht. Wenn sie am anderen Ende goldbraun wieder zum Vorschein kommen, kühlen sie ab und werden dann von Hand verpackt. Maschinell würde zu viel Bruch entstehen.

Bei Salzstangen wird der Teig durch Düsen gepresst, auf das Förderband gezogen und schließlich gebacken. Die Stangen fallen danach an der Sollbruchstelle auseinander, was allerdings nicht immer gelingt. Es entsteht in meinen Augen überraschend viel Bruch. Die eingesetzten Vollkornteige verfügen über weniger Kleber und weisen mehr grobe Anteile auf. Zudem kommen bewusst keine Zusatzstoffe zum Einsatz, um Bruch zu verringern. Erst jetzt fällt mir auf, wie viele gelernte Bäckerinnen und Bäcker in der Fabrik arbeiten. Jedes Mehl und jeder Teig ist anders, was das handwerkliche Können immer wieder fordert. Im industriellen Maßstab werden oft Einheitsteige eingesetzt, die immer die gleichen Eigenschaften haben und die Produktion damit vereinheitlichen und vereinfachen. Der Schritt zu fertigen Backmischungen ist an diesem Punkt nur noch sehr klein und gelerntes Personal damit potenziell überflüssig. Geschmack und

Schon lange produziert Huober wieder Salzstangen. Foto: Jens Brehl

Nährstoffe sind dann oft zweitrangig, da die Bedürfnisse der Maschinen Vorrang haben. Fachkundige sprechen von maschinengängigen Teigen. Tatsächlich hatten in den 1980er-Jahren bei Huober auch einige Mitarbeiter und Mitarbeiterinnen anfänglich auf bio geschimpft, weil es unter dem Strich aufwendiger ist. Ständig muss man den Teig anpassen und die Maschinen mühevoll reinigen. Doch hätte Karl Huober seinerzeit die Produktion nicht auf ökologische Rohstoffe umgestellt, würde es das Unternehmen wahrscheinlich nicht mehr geben – oder es wäre Teil irgendeines Konzerns geworden. Als er die Nachfolge 1980 antrat, stand die von seinem Vater Emil gegründete Erste Württembergische Brezelfabrik allen Innovationen der letzten Jahrzehnte zum Trotz vor dem Aus.

Kurz vor Ausbruch des Ersten Weltkriegs gründete Emils gleichnamiger Vater 1914 im baden-württembergischen Kornwestheim eine Bäckerei. Sohn Emil Huober wollte Brezeln backen, die immer frisch und vor allem knusprig sind. Als Qualitätsmaßstab orientierte er sich an den »Ärmchen« in der Mitte, wo sich die Brezel verschlingt. Gemeinsam mit seinem jüngeren Bruder Karl Heinrich träumte er von einer modernen Produktion. Sein Vorhaben konnte

Karl Huober. Foto: Marc Doradzillo

er allerdings erst nach dem Zweiten Weltkrieg verwirklichen und leider nur ohne seinen Bruder, der in Russland gefallen war. 1950 mietete Emil Produktionsräume in Erdmannhausen an und gründete die Erste Württembergische Brezelfabrik. Anfangs hatten hier vor allem Frauen Brezeln mit der Hand geschlungen, acht Jahre später waren Maschinen in das mittlerweile neu errichtete Firmengebäude eingezogen. Schließlich erweiterten Salzstangen das Sortiment. Besonders in der Gastronomie fanden die Gebäcke reißenden Absatz, und der Bekanntheitsgrad der Marke Huober wuchs.

In den 1960ern brach das Fernsehzeitalter an, und Konsumenten wollten Brezeln und Salzstangen auch in ihren heimischen Wohnzimmern genießen. So rückte die Produktion für den Lebensmittelhandel und Discounter in den Fokus. Doch schon bald sollte das Unternehmen dadurch fast unter die Räder kommen. Im Sog von »immer schneller, immer größer, immer mehr« freuten sich zwar die Kundinnen und Kunden über billige Lebensmittel, die Hersteller brachte es allerdings an den Rand der Wirtschaftlichkeit. »Alle standen mit dem Rücken zur Wand: die Landwirte, die Produzenten und die Tante-Emma-Läden«, erklärt der Sohn und heutige Geschäftsführer Arlend Huober. Seinen Vater Karl persönlich zu treffen war mir leider nicht vergönnt, da er wenige Monate vor meinem Besuch nach einer langen, schweren Krankheit verstorben ist. Dabei ist es ihm und allen voran seiner Frau Solvår zu verdanken, dass das Unternehmen nicht nur gerettet wurde, sondern sich vom konventionellen Hersteller zu einem echten Bio-Pionier wandelte.

Seine damalige Freundin Solvår arbeitete an einer Waldorf-schule im norwegischen Moss, und Karl Huober fungierte als Redakteur bei der taz in Berlin, als ihn der Hilferuf von Emil erreichte. Die Brezelfabrik produzierte zwar im wahrsten Sinne des Wortes am laufenden Band, aber es fand keine Wertschöpfung mehr statt. Platt gesagt, blieb unter dem Strich nichts hängen, und das Unternehmen blutete aus. Salzstangen & Co. waren längst billige Massenware, und der Preisdruck des Handels ließ nicht nach. In diesen schwierigen Zeiten entschloss sich Karl, das Heft in die Hand zu nehmen. Als erste Schritte kündigte er den Liefervertrag mit einem bekannten Discounter und verkaufte die Produktionsanlage für Salzstangen nach Australien – bloß weit weg damit! »Wir wollten zwei Jahre in Deutschland bleiben, den Konkurs abwenden, um dann das Unternehmen zu einem angemessenen Preis verkaufen zu können«, erinnert sich Solvår. Ihr Mann fühlte sich zwar verantwortlich und der wirtschaftlichen Gesundung der Brezelfabrik verpflichtet, doch zugleich lebte eine weitere Seele in seiner Brust. »Der ›anderen Seele‹ in mir erschien dagegen vieles an unserer Wirtschaftsmaschinerie ganz grundsätzlich fragwürdig. Die Schatten einer gesellschaftlich vorgegebenen Denkweise, die den Menschen funktionalisiert und nur noch an äußeren Erfolgszwecken bemisst, prägten sich mir unweigerlich ein. Zwischen Geldverdienen und privatem Konsum erschien mir die eigentliche Lebensaufgabe des ganzen Menschen wie eingezwängt«, sagte er in einem Interview.[25] Seine außergewöhnlichen Sichtweisen erklären sich im Kontext seines Lebenslaufs, denn er setzte sich intensiv und offen mit den Fragen der Anthroposophie auseinander, war Heilpädagoge, studierte Volkswirtschaft und Philosophie. Doch

Solvår mit ihren beiden Söhnen Arlend (links) und Johannes (rechts). Foto: Jens Brehl

er verlor sich nicht in hochtrabende philosophische Gedankenwelten und schwebte langsam hinfort, vielmehr war er davon beseelt, eine echte Brüderlichkeit in der heutigen Wirtschaftswelt praktisch zu leben. »Aber auch wenn die neuen Wege, um die es heute geht, nur von Einzelnen und in konkreten Gegebenheiten gebahnt und beschritten werden können, müssen zuallererst doch die ideellen Grundlagen gelegt, die gedanklichen Wurzeln gefunden werden, aus denen etwas Neues wachsen kann. Mit bloßem Gutmenschentum und naiver Bastelei kann man ein kollektives System, das auf Zwängen aufgebaut ist, nicht verwandeln«, sagte er.[26]

Karls erste Jahre im Unternehmen waren für ihn oft ein Spagat. Auf der einen Seite musste er mit Banken über die Verlängerung von Krediten verhandeln, auf der anderen Seite seinen Mitarbeiterinnen und Mitarbeitern das Gefühl von Sicherheit vermitteln. Immer wieder prallten Welten und Widersprüche aufeinander. Er wollte auf die üblichen Hierarchien im Unternehmen verzichten, die Belegschaft wünschte sich in der damaligen Krise allerdings einen Chef, der sagt, wo es langgeht. »Seine freundliche und verständnisvolle Art haben viele nicht verstanden«, sagt Solvår. Auf der anderen Ebene war seine eigenwillige Charakteristik und Herangehensweise rückblickend betrachtet, ein wichtiger Schlüssel für den Erfolg. Möchte ein Hersteller seine Waren im Lebensmitteleinzelhandel sehen, muss er zunächst oft ein sogenanntes Listungsgeld oder Werbekostenzuschüsse bezahlen, besondere Rabatte gewähren und mitunter auch neue Filialen des Händlers mitfinanzieren, bevor auch nur ein Produkt im Regal landet. Sprich, der Hersteller bezahlt die Lebensmittelhändler, damit diese überhaupt bei ihm einkaufen. Und es gibt viel mehr Hersteller als Händler – alleine Edeka, die Schwarz-Gruppe (Lidl, Kaufland), Rewe und Aldi beherrschen heute etwa 60 Prozent des Marktes. So stehen Produzenten oft unter Druck, die Endkunden zu erreichen. Als Karl die Zügel des Unternehmens übernahm, gab es das »offizielle« Listungsgeld noch nicht. Das sei damals eher im Verborgenen gehandhabt worden, wobei wie heute auch ein entsprechender Druck zu spüren war, dem Geforderten nachzukommen. An einem 6. Dezember hatte Karl jedenfalls ein Gespräch mit einem Lebensmittelhändler, der von ihm eine finanzielle Beteiligung verlangte, um damit neue Filialen eröffnen zu können. Weitere Verkaufsstellen würden ja theoretisch auch für den Brezelfabrikanten mehr Umsatz bedeuten. Zum Entsetzen seines Gesprächspartners erschien Karl als Nikolaus verkleidet und »schüttete« einen leeren Sack aus. Es gab nichts zum Verteilen. Sein Unternehmen hatte schlicht nicht die finanziellen Mittel, um der Forderung nachgehen zu können. »Er hat alle aus dem Konzept gebracht, und es entwickelte sich ein ungewöhnliches Gespräch. Er bot immer Überraschungen, war überzeugend und überzeugt, was gut und richtig ist«, führt Solvår aus.

Irgendwann sprang bei ihm der Funke über, das Unternehmen weiter in die Zukunft führen zu wollen, anstatt es wie geplant zu verkaufen und danach gemeinsam mit seiner Partnerin in deren geliebte Heimat Norwegen zurückzukehren. »Wenn ich bleiben soll, dann müssen wir auf bio umstellen«, forderte sie allerdings. »Ich hätte selbst nie gegessen, was wir bislang produzierten«, sagt sie und verzieht leicht das Gesicht. Darüber hinaus waren beiden schon längst die Mitarbeiterinnen und Mitarbeiter ans Herz gewachsen. Bereits zwei Jahre später belieferten sie Naturkostläden und Reformhäuser mit Dauerbackwaren: Stangen-, Spritzgebäck und Zwieback. Aus der Demeter-Produktlinie entwickelte sich das eigenständige Schwesterunternehmen Erdmannhauser Getreideprodukte, welches Karl und Solvår mit dem Ehepaar Annegret und Klaus Werder 1989 gründeten. Seit 2017 ist hier Sohn Johannes Geschäftsführer.»Meinem Vater war aufgefallen, dass es bei Huober Bäckermeister gab, die ihr handwerkliches Können gar nicht voll ausleben konnten«, erklärt er den Schritt von Brezeln zu weiterem Dauergebäck.

Von Anfang an verstand man sich als Verarbeitungspartner biologisch-dynamischer Bauernhöfe. Die Ziele: hochwertige Getreideprodukte als Grundnahrungsmittel verfügbar machen und vielfältige Getreidearten und -sorten verarbeiten.»Gemeinsam mit den Landwirten möchten wir unsere Ernährungskultur gestalten«, bringt es Johannes auf den Punkt. In einem Interview sagte sein Vater: »Wir sehen unser Geschäft als Brücke zwischen landwirtschaftlicher Urproduktion und dem modernen Verbraucher. Bio ist nicht Luxus, bio ist die Basis.«[27] Doch warum dies nicht unter einem Unternehmensdach vereinen? Johannes antwortet mit einem Gleichnis: Ein Baum wachse auch nicht bis ins Unendliche, sondern bildet Ableger. Seine Mutter ergänzt: »Karl meinte, der Spruch ›Small is beautiful‹[28] passt zu uns. Wir wollen nicht gigantisch werden.« Lieber sollten sich die beiden Unternehmen unabhängig entwickeln und partnerschaftlich kooperieren, als Teile einer Konzernstruktur zu werden. So versorgt die Mühle bei Erdmannhauser auch Huober mit frischem Mehl. Ebenso gehört das Unternehmen BioGourmet dazu, welches als Händler vor allem ökologische Feinkostprodukte in den deutschen Lebensmitteleinzelhandel und in die Drogerien bringt.

Indes wuchs der Bio-Anteil in der Brezelfabrik. 1996 war die vollständige Wende gelungen, und der ehemalige konventionelle Produzent war nach 14 Jahren zu einem reinen Bio-Unternehmen transformiert. In der Größe ein erstaunliches Unterfangen, denn auch heute ist solch ein konsequenter Schritt außergewöhnlich – und leider extrem selten. Meist gibt es bei konventionellen Großunternehmen nur eine Bio-Linie, oder man kauft Hersteller auf, um sein Produktportfolio entsprechend zu ergänzen. Dennoch wurden die Brezeln – und mittlerweile hatten wieder Salzstangen Einzug gehalten – anfangs nicht als Bio-Lebensmittel gekennzeichnet, sondern weiter als konventionelle Ware vermarktet. Dabei hätte man mit ökologischen Lebensmitteln einen deutlich besseren Preis erzielen können. Bio undercover sozusagen. »Viele Menschen lehnten damals bio noch ab. Karl ging es nicht ums Geld, er wollte hochwertige Lebensmittel bieten«, erklärt Solvår. »Es geht ja nicht darum, jemandem eine neue Ideologie überzustülpen, sondern Schritt für Schritt Mitarbeiter, den Handel und die Kundschaft zu ermutigen, sich mit den Konsequenzen unseres Handelns auseinanderzusetzen«, erklärte ihr Mann einst in einem Interview.[29] Dadurch ergab sich ein weiterer Vorteil: Möchten konventionelle Landwirtinnen und Landwirte zur ökologischen Wirtschaftsweise wechseln, müssen sie eine zweijährige Umstellungsphase hinter sich bringen. In dieser Zeit arbeiten sie schon nach ökologischen Kriterien und kombinieren einen höheren Aufwand mit weniger Ertrag. Allerdings können sie ihre Erzeugnisse nur als konventionelle Ware und damit zu einem niedrigeren Preis vermarkten. Für die meisten Betriebe ist es ein finanzieller Kraftakt, besonders wenn noch weitere Investitionen zu tätigen sind. Gerade deswegen gibt es heute Umstellungsprämien, doch wohin mit den erzeugten Produkten? Da Karl auf das Bio-Siegel verzichtete, konnte er Umstellungsgetreide verbacken, welches er freiwillig zu einem höheren Preis als konventionelle Ware einkaufte, um Landwirtinnen und Landwirte aktiv zu fördern. Erst seit 2001 prangt auf den Huober-Produkten das Bio-Siegel, und daher konnte die Praxis ab diesem Zeitpunkt nicht weitergeführt werden.

Trotz angeblichem Bio-Boom brachte das Siegel auch Schwierigkeiten mit sich. »Gerade im Snackbereich war es schwierig, Bio-

Produkte in den Handel zu bringen«, erinnert sich Johannes. »In der Zeit haben wir noch Handelspartner verloren, weil sie Bio-Artikel aussortiert haben. Bio als Snack war undenkbar! Alleine mit dem Naturkostfachhandel hätten wir nicht bestehen können.« Sein Vater sagte dazu in einem 2007 veröffentlichten Interview: »Vor zehn Jahren war aber der Lebensmittelhandel noch nicht reif. Bio wurde damals noch mehr als heute in gewisse Schubladen gezwängt, sodass unser Engagement als Markenhersteller meist als Konkurrenz zur jeweiligen Naturkosteigenmarke des Handelsunternehmens missverstanden wurde. Auch das nötige unbefangene Verständnis zum Preis-Leistungs-Verhältnis oder gar aktives Interesse fehlten noch vielfach.«[30]

Ende der 1970er stand Huober noch vor dem Aus, da das Unternehmen in Zeiten von Handelskonzentration und Preiskampf von wenigen großen Abnehmern abhängig war. Heute verlassen täglich etwa 20 Tonnen Dauergebäck die Produktionshallen, die bewusst auf unterschiedlichen Vertriebswegen zu den Konsumentinnen und Konsumenten gelangen. Vom Direktverkauf über die Gastronomie, den konventionellen Lebensmittelhandel, Discounter und Drogerien bis zum Naturkostfachhandel reicht die Klaviatur. Und da ist sie wieder: die Vielfalt. Den Verlockungen, »einfach« zusätzliche Backstraßen zu installieren und die Produktion weiter zu automatisieren, um auch bei billigen Preisen noch Gewinne zu erzielen, ist man bei Huober nicht verfallen. In solch eine Abwärtsspirale begibt man sich kein zweites Mal. Die Kunst sei es, dem Lebensmittel- und Naturkostfachhandel faire Preise abzutrotzen, da sich die Produkte nicht bis in den Keller verbilligen lassen. Und die Lieferantinnen und Lieferanten von Huober sollen von ihrer Arbeit auch gut leben können. Gerade die vielfältige Vertriebsstruktur und der Bekanntheitsgrad der Marke erlauben es, auch auf den einen oder anderen Liefervertrag verzichten zu können.

Vor einer Zutat werden bewusste Konsumentinnen und Konsumenten allerdings vermutlich zurückschrecken: Palmfett. Der

Anbau von Ölpalmen ist schon lange in Verruf geraten. Gigantische Monokulturen, (Brand-)Rodungen von Regenwäldern, ausgebeutete Arbeitskräfte sind Begriffe, die vielen zuerst in den Sinn kommen. Auf der einen Seite stehen riesige Vorteile: Keine andere Pflanze verspricht mit fünf Tonnen pro Hektar einen höheren Ölertrag und damit sechsmal so viel wie Sonnenblumen.[31] Es gibt keine Saison, im Gegenteil, es wird das ganze Jahr über in Plantagen geerntet, da stets Früchte reif sind. Unter dem Strich ist die Ölpalme auf vergleichsweise kleiner Fläche hochproduktiv. Die Öle und Fette sind vielfältig einsetzbar. Die Spannbreite der Abnehmer reicht von Lebensmittelherstellern über Kosmetikproduzenten bis zur chemischen Industrie und mehr. Letzten Endes landet Palmöl auch in europäischem Bio-Diesel. Und genau in der Masse liegt das Problem. Doch es leben in den Anbaugebieten auch Kleinbäuerinnen und Kleinbauern und einige Kooperativen von der Ölpalme. Es gilt, zu große Flächen Monokultur zu vermeiden und Primärwälder zu schützen.

Das eingesetzte Palmfett ist hocherhitzbar und bestens für die Backprozesse in der Brezelfabrik geeignet. Zwar laufen immer wieder Versuche mit Sonnenblumenöl, allerdings schleicht sich hier schnell ein ranziger Geschmack ein, und die Produkte sind dadurch weniger lange haltbar. Schlechte Voraussetzungen für ein Dauergebäck, zumal für Bio-Hersteller keine künstlichen Zusatz- oder Konservierungsstoffe infrage kommen und man Lebensmittelabfälle vermeiden möchte. Der heimische Anbau und damit das Verkürzen von Transportwegen sprechen für Sonnenblumen, doch derzeit gibt es keine passende Sorte. Daher unterstützt Huober die Saatgutzüchtung Peter Kunz finanziell, um dies zu ändern. »Für den Einsatz von Palmfett müssen wir uns immer wieder rechtfertigen«, sagt Arlend, der in diesem Punkt keine Diskussion scheut. Huobers einziger Lieferant ist zum Zeitpunkt meines Besuchs Daabon aus Kolumbien. Gerade in den 1990er sei hier viel Aufbauarbeit in die ökologische Landwirtschaft geflossen. »Ich empfände es als arrogant, das nicht wertzuschätzen und aus ideologischen Gründen dort nicht mehr einzukaufen. In Kolumbien gibt es keinen Markt für Bio-Palmöl, in diesem Bereich interessiert sich vor Ort niemand für ökologischen Anbau.«

In den Plantagen wachsen Gräser, ein Zehntel der Fläche bleibt unbewirtschaftet und bietet damit Tieren einen Rückzugsort. Als Dünger dient ausschließlich ökologischer Kompost. »Wenn das Ökosystem intakt ist, profitiert auch die Ölpalme.« Um den Boden nicht zu verdichten, holen Büffel statt Traktoren die Ölfrüchte aus den Plantagen. Das Palmöl sei nach den höchsten Bio- und Sozialstandards zertifiziert, somit könne man jede Lieferung bis auf das Ursprungsfeld zurückverfolgen. »Auch beim Palmöl sehen wir es als unsere Aufgabe, die ökologische Landwirtschaft zu unterstützen«, erklärt Arlend. Passend dazu sagte sein Vater: »Durch welche Kultur baut sich der Humus, baut sich die Bodenlebendigkeit auf? Das geschieht ja nicht auf Knopfdruck, sondern im Laufe von Jahren. Wenn man einmal begriffen hat, dass schon in diesem Punkt eine einseitige industriell gesteuerte Landwirtschaft versagt, dann kann man sich weiter befassen und eine Praxisbrücke zu all den Menschen bauen, die sich heute schon für eine naturgemäße Ernährungskultur einsetzen. Es ist ein Aberglaube, dass ›wir‹ eine wachsende Menschheit nur industriell ernähren können. Das Gegenteil zeigt sich, wenn man den Dingen auf den Grund geht.«[32]

_____ An einigen Stellen des Kapitels habe ich mich auf die Vornamen meiner Gesprächspartner beschränkt, damit man bei den vielen Huobers den Durchblick behält.

Weil es um mehr als nur um die Wurst geht

Herrmannsdorfer Landwerkstätten, Bayern

Obwohl ich auf den Anblick vorbereitet bin, stutze ich im ersten Moment. Auf der Weide grasen keine Kühe, sondern Schweine toben sich aus, wühlen fleißig in der Erde oder dösen im Schatten der Hecke vor sich hin. Mittendrin huscht eine Schar Hühner umher. Ein vorwitziges Exemplar steht vor einem in der Erde wühlenden Schwein, als wolle es fragen, ob es nicht bald fertig sei. Schließlich kommt dank der Vorarbeit des Schweins das Huhn leichter an noch mehr Futter heran. Im Gegenzug übernehmen die Hühner schon einmal die Körperpflege der Schweine, indem sie Parasiten aufpicken. Angst vor dem Fuchs braucht das Geflügel nicht zu haben, denn die grunzenden Kameraden übernehmen den Sicherheitsdienst. Karl Ludwig Schweisfurth nennt diese Form der Tierhaltung Symbiotische Landwirtschaft. Im Sommer sind manchmal auch Rinder mit auf der Weide, die das Gras verwerten und gleichzeitig den Rasenmäher überflüssig machen. Die letzten Lebensmonate verbringen die Schweine auf der Weide, können so ihren wesensgemäßen Gewohnheiten nachgehen, herumtollen und sich über das reichhaltige Nahrungsangebot in Form von Wurzeln, Larven, Schnecken und mehr freuen. Die Fleischqualität ist entsprechend höher – Endmastveredelung würden Fachkundige sagen. Alle drei bis sechs Wochen ziehen die Tiere mit den mobilen Ställen und Tränken um, was auch dem Befall von Parasiten vorbeugt.

Insgesamt halten die Landwirtinnen und Landwirte in den Herrmannsdorfer Landwerkstätten, die Karl Ludwig Schweisfurth 1986 in der Nähe von Glonn in Bayern gegründet hat, etwa 500 Schweine. Hinzu kommen Hühner und Masthähne, die in mobilen Ställen leben und daher immer genügend Auslauf haben. Doch Schweisfurth hat nicht »nur« einen Bio-Hof ins Leben gerufen, sondern eine Insel der ökologischen und handwerklichen Vernunft geschaffen.

Seit 1992 gehören eine eigene Käserei, Bäckerei, Brauerei, Warmfleischmetzgerei und ein Schlachthaus dazu. Bei Letzterem verbringen Schweine und Rinder die letzte Nacht ihres Lebens in mit Stroh ausgelegten Warteboxen. Um fünf Uhr morgens führt der Metzgermeister Alex ein Tier nach dem anderen in den Schlachtraum. Dort werden sie in einem überraschenden Moment betäubt und dann mittels Kehlschnitt getötet. Alles in Ruhe. Nach zwei bis drei Stunden ist das Schlachten beendet, und der Metzgermeister kann sich anderen Aufgaben widmen. Im warmen Fleisch sind Fett und Wasser noch gebunden, und so können die Metzger auf entsprechende Zusatzstoffe verzichten, die bei Fleisch in der Totenstarre nötig sind. Die Herrmannsdorfer Landwerkstätten bilden ein Netzwerk mit nahezu 100 Öko-Landwirten, die ihnen Milch, Rinder und Schweine liefern.

Gründer Karl Ludwig Schweisfurth hat zwei Leben gelebt: Das zweite zeichnet ihn als Bio-Pionier aus, das erste hat er als der Mann verbracht, der die industrielle Fleischverarbeitung in Deutschland und damit auch in Europa mit ihren negativen Folgen für Tierwohl, Umwelt und Menschen eingeführt hat. Mit seinem Unternehmen Herta war er der größte Fleischproduzent Europas, der Schrecken jedes handwerklich arbeitenden Metzgers und damit auch indirekt eine treibende Kraft für die Massentierhaltung. Da sitzen wir nun in seinem Wohnzimmer und lassen uns den Pflaumenkuchen schmecken, während wir seinen Wandel vom Saulus zum Paulus nachvollziehen.

DEM EDLEN HANDWERK

Den bescheidenen Grundstein für das spätere Fleischimperium legte Großvater Ludwig Schweisfurth 1897 im nordrhein-westfälischen Herten mitten im Ruhrpott. Mit von einem Bernhardiner gezogenen Bollerwagen holte er Schweine ab und lieferte später Fleisch und Wurst in die Zechenkolonien der Bergarbeiter. Hauptnahrungsmittel der Bergleute war die Fleischwurst mit oder ohne Knoblauch im Ring, die aus schlachtwarmem Fleisch hergestellt wurde. Wenige Jahre später eröffnete der Großvater die erste Metzgereifiliale und brachte es bald zu Wohlstand. Vater Karl übernahm ab 1924 die Geschicke des stetig wachsenden Unternehmens. Als »kriegswichtiger Betrieb« lieferte das Unternehmen Schweisfurth während des Dritten Reichs Fleischkonserven an die Wehrmacht. Zwei Jahre nach Kriegsende war die Marke Herta geboren, und die eigene Lieferflotte brachte den Durchbruch im Einzelhandel.

Im Alter von 15 Jahren begann Karl Ludwig Schweisfurth die Metzgerlehre im familieneigenen Betrieb, danach folgten Wander- und Lehrjahre. Nachdem er gerade das erste Semester seines Betriebswirtschaftsstudiums hinter sich hatte, schickte ihn sein Vater 1955 auf eine Studienreise in die Vereinigten Staaten – natürlich ohne den Jungen vorher zu fragen. Das zerstörte Deutschland im Hinterkopf, kam der 25-jährige Karl Ludwig aus dem Staunen nicht mehr heraus. Alles gab es im Überfluss, auch Fleisch. In New York sah er erstmals lange Fließbänder, auf die tote Schweine fielen. Männer auf beiden Seiten zerteilten die Tiere in atemberaubender Geschwindigkeit, weil jeder nur wenige Handgriffe ausführte. Die nächste Station waren die Schlachthöfe von Chicago mit ihren bereits für damalige Verhältnisse gigantischen Ausmaßen. »Wir standen in den Hallen wie die Würstchen vom Lande«, wird er später in seinem Buch schreiben.[33] Die negativen Folgen der Gigantomanie, wenn Züge Tausende von Rindern ankarren, blieben ihm zwar nicht verborgen, taten seiner Freude allerdings keinen Abbruch. »Die Gebäude der großen Fabriken, mehr oder minder eng zusammengedrängt, waren Ziegelbauten, die Deckenbalken überwiegend aus Holz, die Fußböden mit Sägemehl eingestreut, um tropfendes Blut aufzunehmen. Man musste es nicht wegspülen, sondern konnte die blutgetränkte Kruste von Zeit zu Zeit wegschieben. So konnte man ohne Wasser das Klima trocken halten. Der Preis war ein unerträglicher Geruch, der aus dem Areal hervorquoll und das ganze Stadtviertel überwölbte; der Westwind stülpte ganz Chicago eine Dunstglocke über. Der Geruchsmix aus Kot und Sägemehl, Schlachtabfällen und Blut war so penetrant, dass wir uns nasse Taschentücher vor die Nase pressten.«[34] Am Ende siegte jedoch seine Euphorie für die modernen Arbeitsmethoden.

»Die unvorstellbare Effizienz hat mich begeistert«, erklärt er mir in unserem Gespräch. »An die ausgebeuteten Arbeiter habe ich in dem Moment keinen Gedanken verschwendet.« Als Metzger mit Stolz auf sein handwerkliches Können hätten eigentlich die Alarmsirenen in seinem Kopf schrillen müssen. Die Handwerkskunst blieb vollständig auf der Strecke, es zählte nur noch, Fleisch und Wurst so billig wie möglich in Massen zu produzieren. Ein totes Tier landete auf dem Fließband, am Ende der Maschinerie purzelten die Produkte heraus. Einige Wochen lang arbeitete er

Stolz auf das Handwerk: der junge Karl Ludwig Schweisfurth. Foto: Herrmannsdorfer Landwerkstätten

Eine der früheren Filialen. Foto: Herrmannsdorfer Landwerkstätten

Weil es um mehr als nur um die Wurst geht

im Akkord und schnitt im von der Maschine vorgegebenen Takt die Spareribs. Zurück in Deutschland, redete er seinem Vater ins Gewissen. »Das müssen wir auch machen, wir arbeiten ja noch wie im Mittelalter.« Schon nach wenigen Wochen lenkte der Vater ein und delegierte die Aufgabe, aus dem handwerklichen Herta eine »moderne« Fleischwarenfabrik zu machen, an seinen Sohn: »Junge, mach das, du kannst das, streng dich an – und wenn nötig, helfe ich dir«, waren die Worte des Vaters. Zwei Jahre später stand in Herten die modernste Fleischwarenfabrik Europas. »Das war ganz einfach«, sagt Karl Ludwig Schweisfurth lapidar. Er musste ja »nur« das amerikanische Modell kopieren und dafür seine eigene Fabrik auf den Kopf stellen. Via Rampe kamen Schweine und Rinder in den obersten Stock, wo sie geschlachtet wurden. Und zwar nicht wie damals noch üblich einzeln, sondern am Fließband. Die Teile fielen von Etage zu Etage immer tiefer, Arbeiter konzentrierten sich auf wenige Handgriffe, und am Ende stand das fertige Produkt. Fachleute mit Stoppuhr optimierten jeden einzelnen Schritt. Die Meister im Betrieb waren alles andere als begeistert, wie sich Karl Ludwig Schweisfurth noch lebhaft erinnert. »Das ist die neue Zeit, und das wird jetzt so gemacht, sagte mein Vater, und damit war das Thema vom Tisch.« Niemand konnte so schnell und effizient produzieren wie Herta, und der Aufschwung kannte keine Grenzen. »Wir waren unseren Mitbewerbern mindestens zehn Jahre voraus.« Und so erschloss man sich ständig neue Absatzwege.

Ende der 1960er konnte man frisches Fleisch ausschließlich beim Metzger kaufen, der Lebensmittelhandel bot nur verarbeitete Wurstwaren an. Um das zu ändern, adaptierte Schweisfurth eine weitere neue Technik aus den Vereinigten Staaten: den Vakuum-schrumpfbeutel. Darin wurden fortan in Herten Fleischpartien wie Filet und Kotelett verpackt, Vakuum gezogen und in heißes Wasser getaucht. Der Beutel lag wie eine zweite Haut über dem Fleisch. Die belieferten Lebensmittelhändler schnitten an ihren Verkaufstheken die Fleischstücke nach den Wünschen der Kunden herunter, wie diese es beim Metzger gewohnt waren. Die neue Produktlinie wurde ein echter Renner und bescherte dem Umsatz weitere Rekordhöhen. Die Metzger beschimpften Schweisfurth als den Totengräber des Handwerks. »Mir war damals nicht bewusst, wie sehr ich ihnen schadete. Selbst wenn, hätte es mich nicht abgehalten – schließlich bot der neue Vertriebszweig meinem Unternehmen eine große Perspektive. So funktioniert Fortschritt.«

In den 1960ern und 1970ern belieferten die eigenen Transporter europaweit die Tante-Emma-Läden. »Wir haben ganz Europa mit deutscher Wurst gefüttert. Herta wuchs, und so kam eine Fabrik nach der anderen hinzu.« Einige Leserinnen und Leser werden sich vielleicht noch an den Slogan »Herta – wenn's um die Wurst geht« erinnern. Herta war bald Europas größter Fleischproduzent, und ganz oben auf der Welle, besoffen vom eigenen Erfolg, ritt Karl Ludwig Schweisfurth weiterem Wachstum unaufhaltbar entgegen. In den 1980ern betrieb er Fabriken in Brasilien und Äthiopien, »weil es mir damals einfach Spaß gemacht hat, Fabriken zu eröffnen. Mindestens sechsmal die Woche saß ich im Flugzeug, aus heutiger Sicht betrachtet, war ich total verrückt.« Langsam, aber sicher machten sich jedoch Zweifel breit.

Seine Kinder Anne, Georg und besonders Karl verwickelten ihn immer wieder in Diskussionen. Wie es in Familienunternehmen oft üblich ist, arbeiteten die Kinder mit. Karl stand schon als Schüler während der Ferien am Fließband. Hertas schiere Größe war ihm ein Dorn im Auge. »Ich bevorzuge kleine und überschaubare Unternehmen.« Der Gedanke, wie sein Vater von Termin zu Termin hetzen zu müssen, war ihm ein Gräuel. »Er hat nur noch geredet und nichts mehr mit den eigenen Händen geschaffen.« Karl war es auch, der immer wieder mit den radikalsten Ideen an seinen Vater herantrat. Er solle die Firma den Mitarbeitern schenken, schließlich seien sie für den Erfolg verantwortlich. »Mein Vater hat ernsthaft zugehört und Gegenargumente gebracht.« Im Grunde wuchs Karl im beruflichen Gefängnis auf, denn seinen Werdegang hatte der

Vater schon geplant. »Ich sollte bei Herta eine Lehre zum Metzger machen, im Ausland und in anderen Unternehmen Erfahrungen sammeln, studieren und danach die erste Firma im Herta-Imperium übernehmen.« Auf den Punkt gebracht, sollte er den Lebensweg seines Vaters nachzeichnen. »Die ganze Firma hat mich als Juniorchef betrachtet. Das war fürchterlich!«

Um sich zu befreien, vollzog Karl einen radikalen Bruch. Er zog um, begann eine Lehre zum Landwirt, studierte danach Landwirtschaft und sah seinen Vater in diesen zehn Jahren nur äußerst selten. »Ich wollte meinen eigenen Weg gehen und mehr sein als nur der Sohn meines Vaters.« Wer fragte, bekam zu hören, sein Vater sei Metzger. »Wir lebten damals in zwei unterschiedlichen Welten«, bestätigt Karl Ludwig Schweisfurth. Die Abfuhr seines Sohnes, die Nachfolge anzutreten, musste er zunächst verdauen. Heute ist er für das klare Nein dankbar, denn die Diskussionen nährten seine Zweifel, mit Herta den richtigen Weg eingeschlagen zu haben. Hinzu kamen vermehrte Qualitätsprobleme. »Mit den abgelieferten Schlachttieren stimmte etwas nicht mehr. Die Schweine schienen mir körperlich und geistig gestört, die Kühe waren nur noch Ständer für große Euter.« Die Qualität der Herta-Warenwelt war in Gefahr. Sein Sohn Karl hielt ihm vor, schon lange nicht mehr zu wissen, wie es draußen in den Mastbetrieben zuging. Um das zu ändern, besuchte Karl Ludwig zusammen mit Einkäufern Betriebe, die Tiere an Herta lieferten. Ein Erlebnis hat sich besonders in sein Gedächtnis gebrannt und war rückblickend betrachtet der Tropfen, der das Fass zum Überlaufen brachte.

Von außen betrachtet, besuchten sie einen wunderschönen westfälischen Bauernhof. Doch die Idylle trog. »Nach fünf Minuten merkte ich, dass ich vor einem Tierfabrikanten und nicht vor einem Bauern stand.« Dabei hatte er noch gar nicht die drei modernen Ställe gesehen, in denen jeweils 1.000 Schweine untergebracht waren. Damals galt das als groß, heute leben mitunter dreimal so viele Tiere in einem Stall. »Der Bauer ermahnte uns, weder laut zu sprechen noch die Stalltür zuknallen zu lassen. Die Tiere seien so schreckhaft und hochgezüchtet, dass ansonsten einige von ihnen auf der Stelle tot umfallen würden«, erzählt Schweisfurth und schüttelt dabei leicht den Kopf. Damals war kurz zuvor der Spaltenboden erfunden worden, sodass man auf das Ausmisten der Ställe verzichten konnte. Da standen die Schweine mit ihrem stark ausgeprägten Geruchssinn tagein, tagaus über ihren Fäkalien. Können sie sich wesensgemäß verhalten, trennen Schweine ihren »Toiletten-« vom »Wohnbereich«. »Ein Schwein schaute mir in die Augen, als wenn es mich fragen wollte: Was macht ihr mit uns? Das ist mir unter die Haut gefahren und leitete meine Wende endgültig ein.«

Man kann Karl Ludwig Schweisfurth vorwerfen, naiv gewesen zu sein. Wo sollten denn die Massen an Schlachtvieh produziert werden, die seine Fabriken täglich benötigten? Nach eigenen Angaben wurden jeden Monat rund 100.000 Schweine und 20.000 Rinder verarbeitet. Auch er kannte Preisdruck, den die Einkäufer und Einkäuferinnen der Supermarktketten auf ihn ausübten. Herta sollte immer mehr und immer billiger liefern. »Über Ethik hat doch damals niemand gesprochen, Tierwohl war in der breiten Gesellschaft kein Thema. Produzieren musste man – viel und billig. Egal, wie. Anfangs habe ich das doch auch nicht hinterfragt.« Das System ist aus ökologischer und ökonomischer Sicht zum Scheitern verurteilt – es war damals schon krank und ist in weiten Teilen heute noch kränker. Schließlich traue ich mich zu fragen, ob er sich schuldig fühle, die industrielle Fleischproduktion mit allen schädlichen Konsequenzen in Deutschland und Europa eingeführt zu haben. Schweisfurth schaut mich verdutzt an und antwortet mit einem konsequenten Nein. »So waren die Zeit und das Denken damals. Wir hielten es für Fortschritt.«

Die Diskussionen mit den Kindern, von denen sich keines für die Nachfolge interessierte, und die gequälten Schweine kumulierten im Januar 1984 in einer Idee. Während seiner jährlichen Fastenkur erwachte er eines Morgens im Alter von 54 Jahren mit dem Gedanken, noch einmal ganz von vorne anzufangen. Alles, was Herta & Co. in Landwirtschaft und Handwerk zerstört hatte, wollte er wieder vereinen. Dieses Mal wollte er alles richtig machen. Noch am gleichen Tag schrieb er das grobe Konzept, welches wir heute in den Herrmannsdorfer Landwerkstätten verwirklicht sehen. Er suchte unter anderem Rat bei Professor Frederic Vester, der den Begriff des vernetzten Denkens geprägt hatte. Von ihm erhielt Schweisfurth Zuspruch. »Ich war Fleischfabrikant, von ökologischer Landwirtschaft wusste ich nichts.« Zumal es Mitte der 1980er auch keine Richtlinien für eine ökologische Metzgerei gab.

Eines war Schweisfurth von Beginn an klar: Den riesigen Koloss Herta hätte er niemals gesundschrumpfen und auf bio umstellen können. Damals erwirtschafteten 5.500 Mitarbeiter in zehn Fabriken einen Jahresumsatz von 1,5 Milliarden Deutsche Mark.[35] »Nie im Leben hätten wir alle Landwirte und vor allem den Handel davon überzeugen können.« Zwei Jahre später erfolgte der berühmte Handschlag, und Herta ging an Nestlé. Das Geld investierte Schweisfurth in seinen Neuanfang und konnte somit auf Fördermittel aus Bonn oder Brüssel und auf Banken und andere Kreditgeber verzichten. Niemand redete ihm rein, keiner wollte Zinsen oder Dividende einstreichen. »Vielleicht würde es die Herrmannsdorfer Landwerkstätten nicht geben, wenn Karl bei Herta die Nachfolge angetreten hätte«, meint Schweisfurth und atmet geräuschvoll aus. In den letzten 30 Jahren habe sich die Fleischwirtschaft komplett gewandelt. »In meinen alten Fabriken waren mindestens die Hälfte der Mitarbeiter noch gelernte Metzger, das Sagen hatten die Meister. Die neuen Anlagen sind weiter automatisiert. In den großen Schlachthöfen arbeiten weitgehend moderne Arbeitssklaven aus Osteuropa.« Arme Schweine zerlegen arme Schweine, schießt es mir durch den Kopf. »Wären wir weiterhin die Inhaber von Herta, hätten wir weitgehend ebenso handeln müssen, um am Markt bestehen zu können. Der Gedanke lässt mich erschaudern. Da hatte ich wohl einen Engel in der Tasche, der mir riet, rechtzeitig auszusteigen.«

Statt Fließband und einseitige Handgriffe steht echtes Handwerk auf der Tagesordnung. Foto: Jens Brehl

Als ich am nächsten Tag einen Blick in die Metzgerei werfe, erinnert nichts an Herta. Um einen Tisch herum stehen fünf Metzger und zerteilen das Fleisch eines Rindes. In einem anderen Raum werden Würste gefüllt und von Hand zugedreht. Jedes Stück Fleisch, jede Wurst geht durch die Hände der Metzgerinnen und Metzger – hier purzelt definitiv nichts vom Fließband.

Zwei Jahre nachdem er sein erstes Konzept für die Herrmannsdorfer Landwerkstätten aufgeschrieben hatte, gründete er das Unternehmen – natürlich inklusive Anfängerfehler. Was nutzt die umweltschonende Kühlanlage, wenn sie wieder einmal ausfällt und die Milch für den Käse am Ende an die Schweine verfüttert werden muss? Erst nach zehn Jahren schrieb das anfängliche Experiment schwarze Zahlen. »Natürlich hätte ich scheitern und alles verlieren können. Allerdings war ich so überzeugt von meiner Vision, dass niemand sie mir hätte ausreden können.« Die finanzielle Unabhängigkeit war der erste Schlüssel zum Erfolg, der zweite die konsequente Selbstvermarktung. Die

Jedes Produkt geht durch die Hände der Metzgerinnen und Metzger. Foto: Jens Brehl

Hälfte der Produkte geht über die Ladentheken der eigenen Filialen, von denen es zum Zeitpunkt meines Besuchs zehn gibt. Über die andere Hälfte freuen sich meist von Inhabern geführte Naturkostläden. »Mit den Rewes und Edekas dieser Welt will ich nichts mehr zu tun haben, schon gar nicht mit den Discountern. Die quetschen mich alle nur aus. Noch einmal wie zu Hertas Zeiten lasse ich mich nicht mehr erpressen.« Am nächsten Tag wird sein Sohn Karl im Interview ins gleiche Horn blasen. »Eigene Läden zu betreiben ist zwar teuer, aber nur so kann man aus dem System aussteigen – nur deswegen gibt es die Herrmannsdorfer Landwerkstätten heute noch.«

Doch der ehemalige Großindustrielle von auswärts wurde anfangs skeptisch beäugt. Karl Ludwig Schweisfurth lud Bäuerinnen und Handwerker aus der Region rund um Glonn ein; viele sind zum Treffen erschienen. Nachdem er seine Vision dargelegt hatte, schaute er größtenteils in ungläubige Gesichter. »Der spinnt ja! In einem Jahr ist der eh nicht mehr da!« Doch erste Bauern fragten an, ob er ihre Milch kaufen würde, wenn sie auf ökologische Landwirtschaft umstellten. Einige Höfe wirtschafteten bereits auf diese Weise und fanden für ihr Mastvieh einen fairen Abnehmer. Heute hinterfragt in der Region wohl kaum noch jemand das Konzept, der ökologische und wirtschaftliche Erfolg sind schon lange Fürsprecher. Nach gut zehn Jahren Sendepause zog es auch Sohn Karl zu den Herrmannsdorfer Landwerkstätten, um die Nachfolge anzutreten. »Am Ende hat mich das große Experiment doch interessiert.« Der Wandel seines Vaters hat ihn erstaunt, auch wenn dieser schon immer ein Querdenker gewesen sei. »Natürlich war ich auch stolz, mit meinem Nein zu Herta und den Diskussionen meinen Teil beigetragen zu haben.« Während der Aufbauphase hielt er sich komplett aus dem Geschehen heraus. »Das war auch gut so. In der Zeit war mein Vater sehr dominant, neben ihm hätte es keinen Platz für mich gegeben.« Von 1996 bis 2018 war Karl Schweisfurth schließlich Geschäftsführer. »Mein Vater hatte es zum zweiten Mal in seinem Leben geschafft, rechtzeitig loszulassen.« Heute ist Sohn Karl erfreut, sich wieder auf die Landwirtschaft konzentrieren zu können.

Das Netzwerk der Partnerbetriebe ist unaufhörlich gewachsen und zählt zum Zeitpunkt meines Besuchs etwa 100. »Auf diese Weise können wir auch kleinbäuerliche Strukturen erhalten«, verrät mir Enkelin Sophie Schweisfurth, seit Mai 2018 Geschäftsführerin. Zudem sei der intensive Austausch mit anderen Öko-Landwirtinnen und -Landwirten wichtig. »Wir haben ja die Weisheit auch nicht mit Löffeln gefressen, sondern entwickeln uns gemeinsam weiter.« Auch dazu hatte ihr Großvater bereits 1985 die Schweisfurth-Stiftung ins Leben gerufen, in dessen Kuratorium seine Tochter Anne aktiv ist. Zu den Aufgaben gehört es, die Forschung zu natürlichen Lebensmitteln und umweltfreundlichen Methoden des Landbaus zu fördern.[36]

Allerdings verlangen die Schweisfurths saftige Preise für ihre Produkte – die aber durchaus gerechtfertigt sind. Trotzdem zeigt sich wieder einmal, dass auf dem freien Markt die ökologische Wirtschaftsweise nicht fair konkurrieren kann. Natürlich können Bauern und Bäuerinnen ihre Tiere mit noch mehr Auslauf und Weidegang oder auch in der Symbiotischen Landwirtschaft halten. Doch wenn Schlachthöfe, Verarbeiter und Endkunden nicht bereit sind, den Mehraufwand zu honorieren, wird es eng.

Als eine wichtige Stütze der ökologischen Agrarwende sehe ich Verbünde à la Herrmannsdorfer Landwerkstätten in jeder Region. Meine Euphorie bremst Karl Ludwig Schweisfurth aus. »Man kann das nicht alleine schaffen, denn das System vom Anbau bis zum Teller des Kunden ist äußerst komplex.« Zudem hätten etliche Landwirte in teure Ställe investiert und säßen aufgrund von Bankschulden häufig im Hamsterrad fest. Mal eben auf ökologisch umstellen geht dann nicht. »Mit der heutigen Form der Landwirtschaft zerstören wir unsere Lebensgrundlagen. Das ganze System wird uns eines Tages um die Ohren fliegen. Ob wir für die Wende noch genügend Zeit haben, weiß ich nicht«, sagt er in besorgtem Ton. Zudem steckt ihm sein bislang größter Misserfolg immer noch in den Knochen. Als die Expo 2000 in Hannover stattfand, erschuf er vor den Toren der Ausstellung mit weiteren Geschäftspartnern ein Modelldorf mit Namen Kronsberg nach Art der Herrmannsdorfer Landwerkstätten. Das Dorf sollte auch nach der Ausstellung weiter wirtschaften, war jedoch ein großer Flopp. Kaum ein Besucher verirrte sich dorthin, denn er hätte einen viertelstündigen Fußweg auf sich nehmen müssen. Doch wer das Gelände der Expo verließ, um sich den Kronsberg anzuschauen, und wieder zurück zur Messe wollte, hätte sich laut Schweisfurth eine neue Eintrittskarte kaufen müssen. 2003 ging das Unternehmen schließlich in die Insolvenz, der Bauernhof wird heute von einem Pächter mit unsicherer Zukunft betrieben.[37] »Da bin ich in ein tiefes Loch gefallen, saß oft nur noch lethargisch herum und war kurz davor, alles hinzuschmeißen.« Das Lehrgeld war teuer, am Ende stand die Erkenntnis, dass man eine Automobilfabrik irgendwo auf der grünen Wiese bauen kann, aber so etwas Lebendiges wie die Herrmannsdorfer Landwerkstätten Zeit braucht, um zu reifen.

***

Nun obliegt es Enkelin Sophie Schweisfurth, Jahrgang 1987, die Geschicke der Herrmannsdorfer Landwerkstätten zu lenken und 280 Mitarbeiter zu führen. Natürlich lastet nicht alles auf ihren Schultern, dazu ist der Betrieb schon lange zu komplex und vielfältig. Die junge Frau wuchs bereits mit guten ökologischen Lebensmitteln auf und war in ihrem Freundeskreis immer dann die Spaßbremse, wenn möglichst billige Lebensmittel gekauft werden sollten. Besonders bei Fleisch hörte bei ihr der Spaß auf. Doch schon bald erkannte sie, dass sie mit Missionieren nicht weit kam. Viel effektiver sei es, die Alternativen selbst zu leben. »Wir hüten uns davor, konventionellen Bauern vorzuhalten, was sie alles falsch machen. Viele haben sich in Abhängigkeiten begeben, spüren den Preisdruck des Handels – wie früher die Herta-Bauern.« Sophie Schweisfurth sieht große Chancen für eine ökologische Wende, die auch dem Engagement der jungen Generationen geschuldet seien – Stichwort Fridays for Future. »Wir erleben die nächste große Ökowelle«, ist sie sich sicher. Doch auch wenn die Geschäfte der Herrmannsdorfer Landwerkstätten laufen, steht die Geschäftsführerin vor mehreren Herausforderungen. Metzger, Bäcker und andere Handwerksberufe sind schon lange nicht mehr so attraktiv wie früher, auch wenn ihr Unternehmen mit dem besonderen Fokus aufs handwerkliche Arbeiten eine gewisse Strahlkraft ausübt. Aus ganz Europa stammen die Bewerberinnen und Bewerber für eine Aus- oder Weiterbildung. »Wissen teilen wir gerne, allerdings freuen wir uns immer, wenn Handwerker aus Leidenschaft ihr Arbeitsleben nach Glonn verlegen.«

Der zweite Punkt ist ein großer Spagat: Die Herrmannsdorfer Landwerkstätten müssen wachsen, ohne zu wachsen. Noch mehr Tiere als derzeit möchte man nicht halten, die eigenen Flächen sind genauestens auf den Bedarf abgestimmt. Zudem

Drei Generationen Schweisfurth: Karl Ludwig mit Enkelin Sophie und Sohn Karl. Foto: Vivi D'Angelo

möchte man nicht wesentlich mehr Tiere schlachten, damit die Metzgermeister sich auch in Zukunft für jedes Tier Zeit nehmen können und nicht den ganzen Tag töten müssen. Würde man das Schlachthaus dennoch vergrößern, müsste auch die Metzgerei mitwachsen, da man das Fleisch weiterhin schlachtwarm verarbeiten möchte. Sophie Schweisfurth kann nicht einfach an einer Schraube drehen, sondern muss den gesamten Betrieb im System denken. »Wir sind an manchen Stellen an unsere natürlichen Grenzen gelangt. Wir können nur noch in der Qualität weiter wachsen und uns breiter aufstellen.«

Karl Ludwig, Karl und Sophie Schweisfurth habe ich getrennt interviewt. Wenige Monate nach unserem Gespräch ist Karl Ludwig Schweisfurth verstorben. Daher bin ich für die Begegnung mit diesem außergewöhnlichen Menschen sehr dankbar.

Mahl was anderes

Bohlsener Mühle, Niedersachsen

Oben schütte ich Getreide rein, drücke auf einen Knopf, und unten rieselt das Mehl heraus. So einfach stellt sich manch einer das Handwerk eines Müllers vor. Dass viel mehr dahintersteckt, erfahre ich durch Müller Stev Matthiesen bei meinem Besuch der Bohlsener Mühle. Wir stehen vor dem Silo, in dem maximal 1.600 Tonnen Getreide gelagert werden können – je nach Art und Qualitätsstufe in unterschiedlichen Zellen. Pro Jahr verarbeitet die Mühle zur Zeit meines Besuchs 6.000 Tonnen Dinkel und je 2.000 Tonnen Weizen und Roggen. Neben der Mühle verläuft der Fluss Gerdau, der die Feinmühle mit Wasserkraft versorgt. Die restliche Energie liefert zugekaufter Ökostrom. Einerseits ist es Nostalgie, andererseits möchte man auch vorhandene regenerative Energien nutzen. »Auch hier spüren wir den Klimawandel«, erklärt Matthiesen, während wir auf das Wehr schauen. »Zwei trockene Sommer in Folge haben den Wasserspiegel deutlich sinken lassen. Langfristig müssen wir umdenken, wenn nicht mehr genügend Wasserkraft verfügbar ist.«

Wir schlendern zurück auf den Hof. Während ein Tanklastzug via Rohrleitung Mehl lädt, kippt ein LKW Dinkel durch ein großes Gitterrost im Boden. Doch einfach so durfte der Landwirt nicht liefern. Zunächst wird immer ein Erntemuster im hauseigenen Labor untersucht.

150

Aussehen und Inhaltsstoffe entscheiden, ob das Getreide angenommen und wofür es letztlich verwendet wird. Feuchte-, Eiweiß- und Klebergehalt sind Werte, die besonders im Fokus stehen. Ein großer Vorteil der Bohlsener Mühle ist, dass sie viele Qualitätsstufen im eigenen Haus verarbeiten kann. Bäckereien benötigen Mehl mit besten Backeigenschaften, damit Brot und Brötchen entsprechend aufgehen. Die zweite Qualitätsstufe geht als sogenanntes Haushaltsmehl in den Handel. Hat ein Mehl weniger gute Backeigenschaften, kann es in der eigenen Fabrik zu Keksen oder Crackern verarbeitet werden, da hier die Teiglinge später flach bleiben sollen. Ist die Optik sehr gut, aber zum Backen reicht es nicht? Dann landet das Getreide als Flocken im Müsli.

Hat das Erntemuster alle Tests bestanden, bekommt der Landwirt grünes Licht. Doch bevor er sein Getreide auch tatsächlich abladen darf, muss er weitere Hürden überwinden. Dem Zufall wird hier gar nichts überlassen, denn jeder Fehler in der Warenannahme hat für die weiteren Produktionsschritte unangenehme Folgen. Ist das Getreide erst einmal im Silo, kann nicht mehr reklamiert werden. Zunächst prüfen Mitarbeiterinnen und Mitarbeiter der Mühle, ob der LKW sauber ist, welche Vorfracht er transportiert hat, ob alle Papiere stimmen, und letztlich, ob die Plombe unversehrt ist. Nur so ist gewährleistet, dass er auch tatsächlich das richtige Getreide geladen hat. Mittels eines Probenehmers ziehen Arbeitskräfte nun an verschiedenen Stellen in unterschiedlichen Tiefen Stichproben, um möglichst einen Durchschnitt zu erhalten. Auch diese Muster werden analysiert. Es kam schon vor, dass bei einer Lieferung das gute Getreide oben lag und das, sagen wir einmal, weniger gute Getreide unten. Die Annahme wurde daraufhin verweigert. Auch die Silowaage nimmt automatisch eine zusätzliche Durchschnittsprobe. Was für ein Aufwand, dabei haben wir die Mühle noch nicht einmal betreten.

Dort erwartet mich ein bunter Mix aus Maschinen der 1930er, 1950er bis 2010er und moderner Computertechnik. Auf den ersten

Müller Stev Matthiesen ist stolz auf den Mix aus traditionellem Handwerk und moderner Technik. Foto: Jens Brehl

Blick wirkt es wie Flickschusterei, die alles andere als zukunftssicher ist. Den Zahn zieht mir Stev Matthiesen augenblicklich. »Gerade die alten Maschinen lassen sich sehr gut reparieren, und wenn sie zur Not der Dorfschmied richtet.« Schließlich stehen wir im Mahlraum mit 14 Walzenstühlen als Herzstück in Reih und Glied. Es ist laut, und der Holzboden vibriert – kurz gesagt, ich fühle mich wie im Maschinenraum eines Schiffs. Nur riecht es hier nicht nach Diesel oder Schweröl, sondern es dominiert der Geruch von Holz und Mehl. Nach wenigen Minuten hat sich auf meiner Fotokamera eine leichte Schicht Mehlstaub abgesetzt. Ein Wirrwarr aus Rohrleitungen, das sich kreuz und quer durch das ganze Gebäude zieht, transportiert via Druckluft Getreide, Schrot und Mehl dorthin, wo es hinsoll. Beim besten Willen habe ich keinen Durchblick.

Vor dem Mahlen des Getreides steht immer noch das Reinigen. Wurde es nicht »nackt« geliefert, entkleiden zwei Mühlsteine die Körner. Entspelzen ist der korrekte Begriff. Die Dinkelspelzen werden zu Pellets verpresst, in einem Feststoffheizkessel verbrannt und versorgen so via Nahwärmenetz 75 Haushalte in Bohlen mit nachhaltiger Wärme. Theoretisch möglich und auch so geplant ist, die Dinkelspelzen dafür direkt zu verfeuern. Allerdings zickt die Heizanlage auch im Frühjahr 2020 noch etwas herum. Kein Wunder, denn technisch hat sich das Unternehmen wieder auf ein Pionierprojekt eingelassen. Überschüssige Pellets landen entweder in privaten Heizungen oder machen sich als Dünger nützlich. Mir gefällt der Gedanke, ohnehin anfallende Reststoffe bestmöglich zu nutzen.

Zurück zu den Getreidekörnern: Bei der Vorauslese verabschieden sich Stroh, Steine und andere Fremdkörper. Auf einem Luftkissen saust das Getreide vorbei. Was schwerer ist, fällt hinunter, was leichter ist, wird nach oben abgesaugt. Ebenso was kleiner oder größer als ein hochwertiges Getreidekorn ist, hat nicht bestanden. Anschließend sortiert ein Magnet eventuelle Metallteile aus. Die letzte Hürde ist der Farbausleser. In einer affenartigen Geschwindigkeit fallen Getreidekörner eine Rinne herunter, einzelne Körner kann ich mit bloßem Auge gar nicht verfolgen. Dafür ist auch eine Kamera zuständig, die pro Sekunde 10.000-mal scannen kann und somit feinste Farbunterschiede erkennt. Die Anlage kann pro Sekunde 5.000 Luftstöße abgeben, um Unerwünschtes herauszuschießen, was in Farbe und Form von der jeweiligen zu reinigenden Getreideart abweicht. Um sicherzugehen, dass die Anlage die Fremdkörper tatsächlich erwischt, wird das umliegende Getreide mit aussortiert. In einer zweiten kleineren Rinne wird dann noch einmal nach dem gleichen Prinzip ausgelesen, damit nicht zu viel gutes Getreide verloren geht. Der Farbausleser ist seit 2015 in Betrieb. In der Vergangenheit konnte eine Charge Getreide nicht immer vollständig vom Mutterkorn befreit werden, welches gesundheitsgefährdende Alkaloide enthält. Man lag jedoch immer weit unter dem gesetzlich festgeschriebenen Höchstwert.

Das Getreide ist gereinigt. Aber was sind denn nun die Besonderheitzen beim Mahlen? Die Kunst: Gewaltmüllerei vermeiden! Beim Mahlvorgang entsteht Wärme, bei über 45 Grad Celsius gerinnt Eiweiß. Das vorher hochwertige Getreide wäre dann minderwertiges Mehl. Daher stehen auf dem Programm: langsam mahlen und zu hohe Wärme vermeiden. Der Vorgang lässt sich zwar via Touchscreen an der Wand starten, die Walzenstühle jedoch nicht. Jede einzelne Walze muss Matthiesen zwangsläufig per Hand einstellen. Also nix mit Knöpfchendrücken, laufen lassen und erst einmal einen Kaffee trinken gehen. »Wir sind keine ›Computermüller‹«, erklärt er mir stolz.

Ich wundere mich über den Aufwand. Das Getreide einer Silozelle ist nach Art und Qualität sortiert, kann aber von mehreren Landwirtinnen und Landwirten stammen, sodass die Körner auch unterschiedlich groß sein können. »Wir müssen die Mühlen ständig anpassen, und das geht am besten, wenn man ganz dicht am Prozess dran ist.«

Aber das Flockenquetschen kann doch keine große Kunst ein, weil der Vorgang doch immer gleich ist, oder? »Jeder Kunde macht uns andere Vorgaben. Einer möchte zum Beispiel, dass die Flocken sich in Milch schnell auflösen, wofür wir sie feiner auswalzen müssen. Die Flocken für unsere Marke werden zwar auch weich, behalten aber einen gewissen Biss.«

Wir gehen weiter in die Flockenproduktion. Matthiesen greift in eine Maschine und schüttet mir ein paar Getreidekörner auf die Hand. Die sind heiß! Vor dem Flockieren werden sie auf 80 bis 100 Grad gedämpft, wodurch sie aufweichen und sich leichter walzen lassen. Darüber hinaus sind sie nun länger haltbar. Der Müller nennt es Enzyme inaktivieren, denn ansonsten würden die Flocken zu schnell ranzig werden. Zudem sind sie dann leichter verdaulich, da die Stärke durch das Erhitzen aufgeschlossen wird.

Auch wenn heute die Frischebäckerei und die Keksproduktion zum Unternehmen gehören, ist und bleibt die Mühle das Kernstück.

Ohne sie würde es den Rest nicht geben. Noch Ende der 1940er existierten im Landkreis Uelzen 26 Wassermühlen, von denen heute die Bohlsener Mühle die letzte ist. Und auch die stand Ende der 1970er kurz vor dem endgültigen Aus. Vater Helmut Krause musste das Silo verkaufen, um die Mühle vor der Pleite zu retten. Sohn Volker, der heutige Geschäftsführer, überredete seinen Vater, im Kaufvertrag festzulegen, dass die Mühle dauerhaft zwei Zellen für Bio-Getreide mietet. »Die VSE Genossenschaft tat meinem Vater den Gefallen. Die haben gedacht, dass er bald pleite wäre und sie ihn damit los sind. Von deren Seite war es ein billiges Zugeständnis«, erklärt mir Volker Krause. Sein Vater hatte bereits Anfang der 1970er im Lohn für den Bauckhof Demeter-Getreide gemahlen. Der Sohn studierte zu der Zeit des Siloverkaufs Volkswirtschaft und Politik und war in der studentischen Arbeitsgruppe Sonnenkollektor aktiv. Themen waren unter anderem Windkraft, Urban Gardening, Abkehr von der Atomenergie und vieles mehr. »Der Klimawandel und seine möglichen Folgen wurden vor 40 Jahren angekündigt, seit bald 50 Jahren kennen wir die Grenzen des Wachstums«, sagt Krause ernst. Ob er geplant hatte, die Mühle zu übernehmen? »Ach was«, winkt er entschieden ab. »In ihrer Größe war sie nicht überlebensfähig und bot mir dadurch keine Zukunftsperspektive.« Tatsächlich waren die besseren Zeiten längst vorbei. Von den in der Spitze 14 Angestellten blieben am Ende nur noch sein Vater und ein weiterer Müller übrig. Aufgrund der Wirtschaftskrise Ende der 1960er verteuerten sich die Kreditzinsen, was den Anfang vom Ende einläutete. »Mein Vater hatte zwar das Silo gebaut und war drauf und dran, das Unternehmen weiterzuentwickeln, doch es fehlten nun die finanziellen Mittel, um die Mühle entscheidend zu vergrößern, was an dem Standort allerdings auch nur in einem gewissen Rahmen möglich gewesen wäre.«

Volker Krauses Ziel war nun das Retten der Mühle, die seit 1919 im Familienbesitz ist. Im Grunde war es zunächst ein zweijähriges Experiment, wie er offen zugibt. »Natürlich war es naiv, das hier anzufangen, aber es war die einzige Möglichkeit, die Mühle vor dem Verkauf zu retten.« Die Chance sah er in der ökologischen Landwirtschaft. Immer öfter lagerten die Krauses nun Bio-Getreide in den gemieteten Zellen des Silos ein. Zum Schluss war es der Silomeister leid, jedes Mal deswegen antanzen zu müssen, und drückte Krause den Schlüssel in die Hand. Neun Jahre nach dem Verkauf begann die Genossenschaft, ihre Standorte zu konsolidieren, und schloss die kleineren Getreidesilos. Krause konnte das Bio-Getreide nun zu einem geringeren Preis zurückkaufen. »In der Zwischenzeit hatte es die Genossenschaft gestrichen und so richtig hübsch gemacht. Nur der Schriftzug ›VSE‹ passte nicht«, sagt Krause lachend. Als der Nachbar vom erfolgreichen Rückkauf hörte, kam er mit einer Flasche Korn und Schnapsgläsern zum Feiern rüber. »›VSE‹ heißt ›Volker sein Eigentum‹«, verkündete er. Krause selbst mag eigentlich keinen Schnaps. »In dem Moment hat er mir allerdings geschmeckt!« Zumal es darüber hinaus ein versöhnlicher Augenblick war. Seine Eltern standen dem Nachbarn immer helfend beiseite, hatten ihre finanziellen Probleme ihm gegenüber allerdings verheimlicht. Aus Sicht des Nachbarn ein Vertrauensbruch. Zu helfen ist eben oft leichter, als Hilfe anzunehmen. Die Versöhnung und den Rückkauf des Silos hat Helmut Krause allerdings nicht mehr miterleben können. Dafür aber, wie die Mühle nach langen Jahren der Verluste wieder zaghaft schwarze Zahlen schrieb. »Er war immer skeptisch, ob der Trend anhält, hat mir aber vertraut.« Na ja, angesichts der prekären Situation hätte er die Karre auch nicht weiter in den Dreck fahren können, oder? »Man kann aber zu spät aufhören und dann die letzten Reserven noch verfrühstücken«, entgegnet mir mein Gesprächspartner. Um die Mühle zu halten, hatte sein Vater Land verkauft. Volker Krause erhielt 100.000 Mark Kredit bei der Sparkasse, ohne eine entsprechende Sicherheit bieten zu können. »Der Banker war noch aus altem Holz geschnitzt. Die Kreditsumme war für die Bank nur ein geringes Risiko, und wenn junge Menschen versuchen, einen Be-

Volker Krause hat die Bohlsener Mühle mit bio gerettet.
»Mehr Mühlen braucht das Land!« Foto: Thorsten Scherz

trieb zu retten, müsse man ihnen auch die Chance geben. Diese Denkweise fehlt heute.«

Vertrauen ist eine Sache, seine Eltern und der Banker mussten aber auch eine gehörige Portion Toleranz aufbringen. Mit Volker Krauses Rückkehr in die Heimat zogen auch die Öko-Freaks mit ins Dorf. Wie es sich für die damalige Zeit gehörte, hatte Krause gemeinsam mit Kommilitonen aus der AG Sonnenkollektor ein Kollektiv gegründet. »Wir wollten ja nicht nur anders denken, sondern vor allem auch anders wirtschaften.« So gab es keinen Chef, jede und jeder brachte sich nach ihren und seinen Möglichkeiten ein. Ein Mitglied war Helmut Vollmer, der später noch eine tragende Rolle in der Bohlsener Mühle spielen sollte. Ellenlange rote Haare, teilweise rosa Klamotten, so beschreibt ihn mir Volker Krause. »Wir sind wie echte Freaks rumgelaufen. Mein Vater war sonst sehr konservativ, Helmut mochte er aber von Anfang an. Innerlich habe ich mich darüber auch ein wenig geärgert. Als ich noch Schüler war, meckerte mein Vater schon mit mir, wenn meine Haare auch nur ein klein wenig über die Ohren wuchsen«, sagt Krause lachend. »Unsere Bio-Philosophie hat er nie kritisiert, sondern eher kaufmännisch denkend als Chance gesehen.« Tatsächlich prallten mit den Ökos auf der einen und den Dorfbewohnern auf der anderen Seite meist zwei Welten aufeinander.

Auch wenn sich erste Erfolge einstellten, hatte das Kollektiv nur wenige Jahre Bestand. Einige Mitglieder schufteten bis zu zwölf Stunden am Tag, andere trugen wenig bis nichts bei. Manch einer war eher der Typ Maschinenstürmer, für Krause stand jedoch fest, dass ein ökologischer Betrieb hochmodern und effizient sein muss und es sich nicht erlauben kann, mit klapprigen Gerätschaften zu arbeiten, nur weil es so schön nostalgisch wirkt. »Zum Schluss wollte ich auch die Haltung ›Das gehört uns allen, und ohne uns wäre die Mühle pleite‹ nicht mehr mittragen. Das empfand ich als respektlos meinen Eltern gegenüber, die die Grundlagen geschaffen hatten. Meine Mutter hat über Jahrzehnte ohne Lohn mitgearbeitet. Beide haben das Unternehmen, so gut wie es ihnen möglich war, erhalten. Zudem hatte ich über ein Jahr Vorarbeit geleistet, den Bankkredit auf meinen Namen genommen, und mein Vater hatte für unseren Start noch einmal Land verkauft«, führt Krause aus.

Es kam, wie es kommen musste, das Kollektiv fiel auseinander. Geblieben war nur Helmut Vollmer, der zuvor im Backkollektiv Kabouter in Duisburg mitgewirkt hatte. Ohne ihn stünde das Unternehmen heute nicht da, wo es ist. Von Beginn an war klar, dass die Mühle vom Mehl alleine nicht leben konnte. Von 1980 bis 1983 hatte es Krause daher in einer Lohnbäckerei zu Brot veredeln lassen und damit endlich Einnahmen mit nennenswerter Gewinnspanne geschaffen. »Ist der Handel auch noch so klein, bringt er mehr als Arbeit ein«, zitiert er in dem Zusammenhang das Sprichwort und legt nach: »Manchmal muss man eben über Umwege das Geld verdienen.« Auf Dauer wurde es ihm aber zu blöd, dass ein anderer für sie buk – und hier kam Helmut Vollmer als Bäcker ins Spiel. Im

1979: Die Ökos zogen aufs Dorf. Foto: Bohlsener Mühle

Ort kaufte man eine ehemalige Tischlerei und richtete die erste Backstube ein.

Es war ein wildes Sammelsurium aus gebrauchten Anlagen. »Wir hatten nur 15.000 Mark gebraucht, um eine eigene Bäckerei zu eröffnen«, sagt Krause und schüttelt leicht den Kopf, als könne er es heute immer noch nicht glauben. »Ohne Helmut hätten wir das nicht geschafft, solch einen guten Bäcker hätten wir nicht noch einmal gefunden.« Doch schon bald war die erste Backstube zu klein, und es erfolgte ein Neubau gegenüber der Mühle. Die frischen Backwaren wurden und werden in einem Umkreis von 150 Kilometern regional vermarktet. In der Zwischenzeit hatten bis 1985 nach eigenen Angaben 40 Bäuerinnen und Bauern auf ökologische Landwirtschaft umgestellt, da es mit der Bohlsener Mühle nun einen Abnehmer von Bio-Getreide in der Region gab.

Allerdings gab es auch Widerstände. Zunächst waren einigen Dorfbewohnern die langhaarigen Ökos ein Dorn im Auge. Manch einem ging schon mal die Fantasie durch, und so malte er sich aus, welche Orgien in der Wohngemeinschaft gefeiert würden. Auch das Wachstum des Unternehmens wurde kritisch beäugt. Ausgerechnet die Bio-Spinner bebauten mit ihrer neuen Bäckerei eine zuvor unberührte Wiese. Als dann noch neben der Mühle eine sieben Meter hohe Lagerhalle nebst Bürogebäude in der Größe eines Einfamilienhauses entstand, war für manche eine rote Linie überschritten. »Nur über meine Leiche wird hier gebaut«, wollte laut Krause der damalige Bürgermeister aufgebrachte Einwohner beruhigen. Ein anonymer Autor des regionalen CDU-Blattes Uelzen aktuell meinte, es würde kein weiteres Bauvorhaben auf dem Gelände der Mühle geben, wäre der Bauherr Mitglied der CDU. Der Mühlenbetrieb genoss allerdings privilegiertes Baurecht, denn eine Wassermühle kann nicht einfach den Standort wechseln. Den Autor störte das in seinen Augen hässliche Silo, welches Mitte der 1960er erbaut wurde und seitdem unabdingbar für das Überleben der Mühle ist. Gleichzeitig pries er die schützenswerte Idylle der Landschaft und der Dörfer mit ihren Gaststätten, Bäckerei und Fleischerei. Heute sind alle beschriebenen Gaststätten geschlossen, ebenso die erwähnte Bäckerei. Lediglich die Fleischerei existiert noch und eben die Bohlsener Mühle.[38]

»Wenn jemand auf dem Land etwas Neues anfangen möchte, ist dies oft ein grundsätzlicher Konflikt. Aber besonders die älteren Frauen im Ort haben sich gefreut, dass wir neuen Wind reinbrachten.« Die Konflikte waren für Krause teilweise schwer auszuhalten.

Jedes Detail muss stimmen: Qualitätskontrolle an der Backstraße in der Keksfabrik. Foto: Jens Brehl

Vor allem wenn ihm die Kritik nicht offen ins Gesicht gesagt wurde, sondern ihn hintenrum erreichte. Er ließ sich jedoch davon nicht abhalten, denn schon längst war das Sortiment mit Keksen und Crackern als Dauergebäck erweitert. Zunächst noch in der Frischebäckerei produziert, wurde die Menge recht schnell zu groß. Die Produktion lagerte Krause in externe Keksfabriken aus. Erst 2004 eröffnete er am Ortsrand eine dritte eigene Betriebsstätte, in der zur Zeit meines Besuchs zwei Backstraßen stehen und auch die Müslis gemischt werden. Doch im Hintergrund ist schon die nächste Baustelle, denn in naher Zukunft werden es vier Backstraßen sein. Bereits beim ersten Bau am Ortsrand gab es die gewohnten Widerstände. Ein Argument: Konventionelle Landwirtinnen und Landwirte verlören Flächen für das Ausbringen der Gülle. »Zwei Jahre hat es gedauert, alle zu besänftigen. Ich kann die Bauern heute allerdings gut verstehen, weil sie immer wieder in ihrer Existenz bedroht und an die Grenze der Wirtschaftlichkeit getrieben werden.«

Krause ist ein Freund von regionalen Wirtschaftskreisläufen, wie im Gespräch schnell klar wird. Den größten Teil der heimischen Rohstoffe liefern nach seinen Angaben etwa 200 norddeutsche Bäuerinnen und Bauern. Mehl, Haferflocken, Dauergebäck und mehr vermarktet er allerdings deutschlandweit. Breitet er sich hier zu stark aus und erschwert anderen Bio-Unternehmen das Geschäft? »Mit der Frischebäckerei versorgen wir gerade einmal ungefähr 20.000 Menschen, da bleibt im Landkreis Uelzen noch Platz für vier weitere Bio-Bäckereien, zumal wir uns auf Brot konzentrieren und wenig Kuchen backen.« Würde man das Dauergebäck ausschließlich unter der eigenen Marke im Naturkosthandel anbieten, würden allein die jetzigen beiden Backstraßen tatsächlich deutschlandweit mehr als die Hälfte des gesamten Keksabsatzes abdecken, wie mir Krause verrät. »So klein ist der Markt noch. Andererseits bedarf es einer technischen Mindestgröße, um wettbewerbsfähig zu sein.« Daher produziert das Unternehmen Mehl, Getreideflocken, Müsli und Dauergebäck auch für Dritte, die wiederum in Supermärkten und Drogerien verkaufen. Somit entzerrt sich das Ganze wieder.

Doch in der Nische sollen Bio-Lebensmittel ja nicht bleiben, im Gegenteil soll der Markt weiter wachsen. »Wäre die gesamte Landwirtschaft ökologisch und der Markt für Bio-Lebensmittel entsprechend groß, könnten wir alleine noch nicht einmal Niedersachsen mit Dauergebäck versorgen.« Zumal das in seinen Augen auch nicht sinnvoll sei, denn ein gesundes Wirtschaftssystem setze auf Vielfalt. Wie die optimale Betriebsgröße für seine Mühle aussehe, würde letztlich die Praxis zeigen. Das könne man vorher nicht planen. »Wir müssen unsere Betriebe für den künftigen Weg hin zur ökologischen Lebensmittelwirtschaft weiter ausbauen. Wir würden heute schon vom Markt fliegen, wenn wir in Sachen Technik und Produktivität nicht mithalten könnten.« Tatsächlich plant er mittelfristig eine neue und doppelt so große, aber immer noch vergleichsweise kleine Mühle neben der Keksfabrik – eine dem Trend der Mühlenwirtschaft gegenläufige Investition. In den 1950ern gab es laut dem Verband Deutscher Mühlen fast 19.000 Mühlen, von denen 1980 nur gut 2.500 übrig waren. Im Wirtschaftsjahr 2017/18 vermahlten davon nur noch 196 Mühlen mindestens 1.000 Tonnen Getreide pro Jahr.[39] »Die größten 29 Mühlen haben einen Marktanteil von 70 Prozent«, sagt Krause. Es herrscht quasi ein Oligopol, sprich, wenige Anbieter versorgen eine große Nachfrage. Und das scheint manche Unternehmen förmlich zu illegalen Absprachen einzuladen. Im Februar 2013 verhängt das Bundeskartellamt wegen illegaler Preis- und Mengenabsprachen sowie koordinierten Mühlenstilllegungen gegen 23 Unternehmen ein Bußgeld von insgesamt rund 65 Millionen Euro.[40]

Man merkt Krause an, dass er stolz darauf ist, der Gegenbewegung anzugehören. Er plädiert seit Jahren für mehr Mühlen, denn Platz sei allemal genug vorhanden. »Alleine im Landkreis Uelzen gibt es drei Bio-Mühlen«, schwärmt er. »Wir brauchen viele Betriebe in überschaubarer Größe, die in der Fläche verteilt sind, um in den Regionen Arbeitsplätze zu schaffen und Konsumenten Wahlmöglichkeiten zu bieten.« Landwirtschaftliche Erzeugnisse wie Einkorn, Emmer, Buchweizen, Hirse und Lein oder auch Quinoa seien bestens für kleine, spezialisierte Mühlen geeignet. »Die Vielfalt in der Mühlenwirtschaft wie auch in allen anderen Sektoren der Lebensmittelbranche ist wichtig, um auch der Vielfalt der Natur gerecht werden zu können, die Regionen zu stärken und Handwerksbetriebe zu erhalten.«

Pionier in Sachen Bio-Bier

Brauerei Pinkus Müller, Nordrhein-Westfalen

Wo verläuft eigentlich die Grenze zwischen Zufall und Fügung, wenn es sie denn gibt? Für Braumeister Hans Müller, der die Brauerei Pinkus Müller in Münster in vierter Generation führte, war in den 1970er-Jahren eine einzige Frage zukunftsentscheidend – was er zum damaligen Zeitpunkt wohl kaum ahnen konnte. Pinkus lieferte schon eine Weile Bier nach Holland, als ein dortiger Kunde Säcke mit Bio-Malz anschleppte. »Kannst du daraus Bio-Bier brauen?«

Offen für Neues, sagte Hans Müller zu, und so wurde 1978 in der Kreuzgasse der erste Bio-Sud Deutschlands gebraut. Der ursprüngliche und unverfälschte Geschmack überzeugte den Braumeister augenblicklich. Bio-Bier war eindeutig das bessere Produkt. Kein Wunder, denn die Braugerste gedieh ohne Kunstdünger und Pestizide – wie früher eben. Zudem ließ der holländische Kunde nicht locker und wollte weiterhin Bio-Bier beziehen. Nun trafen mehrere glückliche Fügungen zusammen: Durch die Konkurrenz der Großbrauereien ging der Absatz bei Pinkus Müller zurück. Bis heute haben etliche mittelständische Brauereien dem Preisdruck der Konzerne nicht standhalten können und mussten schließen. Aufgrund der sinkenden Nachfrage hatte Pinkus Lagerkapazitäten für die Bio-Zutaten und die daraus gebrauten Biere frei. Mit der Malzfabrik Michael Weyermann aus dem bayerischen Bamberg fand sich ein zuverlässiger Lieferant für

Bio-Malz, auch eine Quelle für Bio-Hopfen war bald gefunden. Zudem hatte Hans Müller Gaststätten gepachtet, die er mit Fassbier belieferte. »Den Wirten war egal, ob bio oder konventionell. Hauptsache, das Bier schmeckte und der Einkaufspreis stimmte«, erinnert sich Hans Müller. Tatsächlich konnte er den ökologischen Gerstensaft zum gleichen Preis liefern wie die Konkurrenz ihre konventionellen Produkte. Manch einer fragte sich jedoch, was der Blödsinn mit dem Öko-Gedöns solle; einige Münsteraner verschmähten offen die Bio-Biere. »Es gibt immer Leute, die meckern wollen«, meint Müller heute nur noch trocken dazu. Der Rest der deutschen Öko-Szene saugte das Bio-Bier wie ein Schwamm auf, schließlich war das Marktangebot entsprechend überschaubar.

Angespornt vom Erfolg, stellte Müller seinen Betrieb kontinuierlich auf ökologische Rohstoffe um. Dazu schloss er 1988 auch einen Verarbeitervertrag mit dem Anbauverband Bioland. »Wir wollten zeigen, dass wir voll dahinterstehen und alles richtig machen wollen.« Die Brauerei besetzte frühzeitig eine Nische, und Müller unterstützte aktiv die wachsende ökologische Landwirtschaft, indem er deren Produkte verarbeitete. »Als kleiner Betrieb muss man immer das machen, was sich für die Großen nicht lohnt.«

✳✳✳

»Mit Recht kann Hans Müller für sich reklamieren, ein echter Pionier zu sein«, sagt Reinhard Langerbein, ehemaliger Ressortleiter Verarbeitung und Warenzeichen beim Bundesverband Bioland. Im Februar 1991 fand in meiner Heimatstadt Fulda das erste von etlichen weiteren Treffen statt, um die Bioland-Braurichtlinien zu entwickeln. Damals war ich zehn Jahre alt und durfte mich offiziell noch nicht mit Bier beschäftigen. Wahrscheinlich wurde ich deswegen nicht eingeladen. Langerbein hat den Prozess von Anfang an begleitet. Beim ersten Treffen saßen neben Hans Müller unter anderem Michael Krieger vom Riedenburger Brauhaus, Dr. Franz Ehrnsperger von Neumarkter Lammsbräu und Herr Weydringer von Rother Bräu am Tisch. »Hans Müller war selbstbewusst, engagiert und eigensinnig, da er fachlich in einigen Punkten eine feste Meinung vertrat. Allerdings war er auch für Argumente offen und diskutierte immer sachlich«, erinnert sich Langerbein. Damals konnte man bereits auf das im Herbst 1989 im Hause Neumarkter Lammsbräu definierte ökologische Reinheitsgebot aufbauen. Man musste nicht bei null beginnen, da vor allem Praktiker am Tisch saßen. Dennoch sollte es sechs Jahre dauern, bis 1997 schließlich die Bioland-Braurichtlinien verabschiedet wurden.

Zurück zu Pinkus nach Münster: Als im Oktober 1990 der heutige Braumeister Friedhelm Langfeld dort seine Lehre begann, braute man bereits ausschließlich mit ökologischen Zutaten. Der offizielle Startschuss als reine Bio-Brauerei war der 1. Januar 1991. »Ob es uns ohne diesen Schritt heute noch geben würde, ist fraglich«, sinniert er bei meinem Besuch. Pferdeschwanz, runde Brillengläser, fester Händedruck, kumpelhafte Art: So stellt man sich einen Öko vor, dabei hatte er vor seiner Lehre keinen Bezug zur ökologischen Landwirtschaft. Erst bei Pinkus fand er die Liebe zum Bio-Bier und zur damaligen Braumeisterin Barbara Müller, Tochter von Hans Müller. Heute sind sie glücklich verheiratet, haben zwei Söhne, zwei Töchter und führen gemeinsam den Betrieb.

Der Mai zeigt sich nicht von seiner besten Seite, denn es ist kalt und regnerisch. Meine Jacke habe ich im Auto vergessen, doch zum Glück ist es im Sudhaus angenehm warm. Die Brauerei ist längst aus seinem historischen Standort herausgewachsen, die Hälfte der jährlichen 25.000 Hektoliter wird im nahe gelegenen Laer gebraut. In Münster sind die Gänge beengt, und ich habe stets das Gefühl, im Weg zu stehen. Ständig wuseln bei unserem Rundgang Mitarbeiter um uns herum. Es gibt ein Silo für Gerstenmalz, Spezialmalze wie Röstmalz sind Sackware. Die Malze für die dunklen Biere müssen per Hand eingefüllt und dafür 25 und 50 Kilogramm schwere Säcke bewegt werden. Wer mit dieser Aufgabe betraut ist, spart sich definitiv das Fitnessstudio. In Laer dagegen stehen wir in der großen

Braumeister Friedhelm Langfeld zeigt mir die Schatzkammer mit den Lagertanks. Hier reifen die Biere. Foto: Jens Brehl

und vor allem hellen Produktionshalle. In der Luft liegt eine feine Würze. Braumeister Langfeld nimmt sich im hektischen Arbeitsalltag die Zeit, mir die komplette Produktion zu zeigen.

Es halten drei Silos jeweils bis zu 26 Tonnen Malz bereit: Gerstenmalz, Weizenmalz und Gerstenmalz in Demeter-Qualität. Via Rohrleitung geht es für das Malz erst durch den Steinausleser, danach durch ein Sieb in die Schrotmühle. In einem dreistündigen Prozess werden dann in der 100 Hektoliter fassenden Maischepfanne die Inhaltsstoffe des Malzes in Lösung gebracht. Malzeigene Enzyme verwandeln dabei die Getreidestärke in vergärbare Zucker. Nun wird auch klar, was die Quelle des würzigen Dufts ist. Danach wird die Maische in den Läuterbottich gepumpt, in welchem sich die nicht gelösten Bestandteile absetzen. Zurück bleibt Treber, welcher noch mehrmals mit heißem Wasser ausgespült wird. Zurück in der Maischepfanne, welche jetzt als Würzpfanne dient, wird die Würze gekocht und der Hopfen hinzugegeben. Die

Hopfenblätter werden wiederum im Läuterbottich herausgefiltert. Mittels Plattenwärmetauscher und Eiswasser wird die Würze auf neun bis 14 Grad heruntergekühlt und in den Anstelltank gepumpt. Dort wartet bereits die Hefe, die den Gärprozess startet, denn aus Zucker wird bald Alkohol. Über Nacht setzt sich Trub ab, und am nächsten Tag heißt es ab in den Gärtank.

Um uns herum stehen etliche Tanks, denn in Laer können 4.000 Hektoliter gleichzeitig reifen. Vielleicht hätte ich doch meine Jacke mitnehmen sollen, denn im Raum ist es so kalt und feucht, dass mein Kugelschreiber nach wenigen Minuten nicht mehr schreibt – eine Notiz, ihn bei nächster Gelegenheit wegen Arbeitsverweigerung abzumahnen, kann ich leider nicht aufschreiben. Je nach Sorte ist die Hauptgärung in fünf bis zehn Tagen abgeschlossen, und jetzt endlich sprechen wir von Bier. Den letzten »Schliff« bekommt der Gerstensaft in den liegenden Lagertanks, in denen er für drei bis vier Monate reift.

Bevor das Bier letztendlich in Flaschen oder Fässern landet, wird es noch kurzzeiterhitzt. In diesem Punkt hatte sich Hans Müller damals beim Definieren der Bioland-Braurichtlinien durchgesetzt. Die Hefe ist dann inaktiv, ansonsten würde das Bier weiter gären. Die Pinkus-Biere sind von nun an zwölf Monate haltbar, bei richtiger Lagerung – kühl und dunkel – sogar länger.

Keine Frage, Hans Müller hat die richtigen Weichen gestellt. Weitere Brauereien sind ihm und den anderen Pionieren gefolgt und brauen erfolgreich eine Vielzahl an wohlschmeckenden Bieren.[41] Allerdings darf man auch nicht die Augen davor verschließen, dass auch nach über 40 Jahren Bio-Bier immer noch in der Nische feststeckt. Laut Deutschem Brauer Bund stießen 2019 hierzulande die Brauereien etwas mehr als 91,6 Millionen Hektoliter aus.[42] »Wir Bio-Brauer kommen noch nicht einmal auf eine halbe Million Hektoliter«, sagt Langfeld in ernstem Ton. In Zahlen ausgedrückt, hat Bio-Bier noch nicht einmal geschätzte 0,5 Prozent Marktanteil. Was läuft da schief? Langfeld führt mehrere Gründe an. Zum einen gebe es die vererbte Markentreue zu

Vater und Sohn Johann konnte ich zu einer kleinen Pause überreden. Prost! Foto: Jens Brehl

konventionellen Produkten. Die Biere, die Eltern trinken, wählen später auch meist die erwachsenen Kinder. Die Gastronomie ist häufig vertraglich gebunden und schenkt daher kaum ökologischen Gerstensaft aus. Letztendlich verleiht das deutsche Reinheitsgebot den konventionellen Bieren eine Aura von natürlichen Lebensmitteln. Viele Konsumenten sähen es daher als unnötig an, diese noch mit Zutaten aus ökologischem Anbau aufwerten zu müssen. Zudem seien Bio-Kunden besonders gesundheitsbewusst und tränken daher im Schnitt weniger Alkohol. Sie greifen im Laden oft zu einzelnen Flaschen, anstatt gleich einen ganzen Kasten zu kaufen.

Bei den Brauereien ist die vollständige ökologische Agrarwende noch in weiter Ferne. Umso bewusster genieße ich, zurück in Fulda, mein Bio-Bier. Denn jede Flasche zählt.

—————— Das Interview mit Hans Müller habe ich telefonisch geführt, da er bei meinem Besuch vor Ort nicht dabei sein konnte.

Danke für die Blumen

Auf der letzten Etappe der Zugfahrt nach Rheinhessen wechseln sich graue Nebelsuppe und blauer Himmel nahezu im Minutentakt ab. Spätestens als wir aber auf dem Weinberg stehen und auf das Dorf Ludwigshöhe hinunterblicken, hat die Sonne die Oberhand gewonnen. Gemeinsam mit der bestens gelaunten Lotte Pfeffer-Müller, die mit ihrem Mann Hans Müller seit 1991 das elterliche Weingut Brüder Dr. Becker in fünfter Generation führt, schlendere ich durch die Weinberge. Elf Hektar bewirtschaften die Müllers und führen damit einen mittelständischen Betrieb. Die Flächen liegen rund um das Weingut verstreut, was auf mich wie ein chaotischer Flickenteppich wirkt. »Wir haben verschiedene Bodenarten mit jeweils eigenem Mikroklima«, schwärmt Pfeffer-Müller. Zudem streuen die Winzerinnen und Winzer damit auch das Risiko, denn starker Hagel ist oft örtlich begrenzt. Die Reben möchten die Winzer vom Weingut Brüder Dr. Becker 30 bis 40 Jahre lang nutzen, denn im Alter sinkt zwar der Ertrag, aber die Qualität nimmt zu. Tatsächlich schneiden sie in den ersten beiden Jahren einer neu gepflanzten Rebe sogar die Blütenstände ab – die Gescheine –, aus denen später Trauben wachsen würden. So konzentriert die Rebe alle Kraft in das Bilden von tiefen, fein verästelten Wurzeln, mit denen sie später mehr Nährstoffe aufnehmen kann.

Während ich mich kaum an der Weite sattsehen kann, lenkt Lotte Pfeffer-Müller meinen Blick auf den Boden zwischen den Weinreben. Wir stehen vor einer konventionell bewirtschafteten Fläche, die zwar begrünt ist, wo aber unterhalb der Weinstöcke der Boden verdächtig ungepflegt bis tot aussieht: knochenhart, braune Stellen und viel Moos. »Hier wird mit Herbiziden gearbeitet«, klärt sie mich auf. Sprich: Glyphosat ist im Einsatz. Anstatt den Boden zu mulchen oder zu lockern, wird weggespritzt, was dort nicht wachsen soll. Die vielen Überfahrten mit Traktoren und dem Vollernter verdichten den Boden zwischen den Reihen. Bei starkem Regen kann er daher das Wasser nicht aufnehmen, was folglich oberflächig abfließt. In Zeiten von Dürresommern, in denen die meisten Landwirtinnen und Landwirte über jeden Tropfen Wasser im Boden froh sind, erscheint mir das Vorgehen gelinde gesagt nicht gerade intelligent. Pfeffer-Müller zuckt mit den Schultern. »Den Boden dauerhaft zu lockern erfordert mehr Arbeit, die nicht jeder auf sich nehmen will.«

Wir gehen ein paar Schritte weiter und stehen vor einer Fläche ihres eigenen Weinguts. Ich wundere mich, wie dicht konventionell und ökologisch bewirtschaftete Bereiche nebeneinanderliegen. Tatsächlich ist die Abdrift von Insektiziden, Fungiziden und Herbiziden ein Problem, denn die dicht an einer konventionellen Fläche liegenden ersten Reihen Rebstöcke bekommen zwangsläufig etwas davon ab. So nahe konventionell und bio sich hier räumlich sind, trennen sie doch Welten: Der Boden zwischen den Rebstöcken ist locker, und auch dort wächst eine Vielfalt an Gräsern, Kräutern und Blumen. Vater Helmut Pfeffer hatte bereits in den 1960er-Jahren erkannt, dass er sich um das Erdreich besser kümmern muss. Leider kann ich ihn heute dazu nicht persönlich befragen, weil er wenige Monate vor meinem Besuch verstorben ist.

Auf jeden Fall sahen die Weinberge zu der damaligen Zeit vollkommen anders aus als heute. Der komplette Boden war of-

So sieht Fülle aus. Foto: Jens Brehl

fen bearbeitet, außer den Weinreben wuchs dort nichts. Alles, was keine Weinbeeren hervorbringt, galt als Konkurrenz um wertvolle Nährstoffe.

Allerdings spülte jeder Starkregen die lockere Feinerde aus den Weinbergen. Das waren genau die Schichten, die man mit hartem körperlichen Einsatz mittels Mist gedüngt hatte. Wertvoller Humus ging jedes Mal verloren. Als studierter Landwirt war Helmut Pfeffer unter den Winzern ein Querdenker. Um die wertvolle Feinerde zu halten, begann er seine Weinberge zu begrünen und erntete dafür Unverständnis bis Spott. »Die unordentlichen Weinberge gehören den Pfeffers«, war einer von vielen Sprüchen. Das Lästern hatte spätestens 1971 ein Ende, als das Weingut Brüder Dr. Becker Mitglied im Verband Deutscher Prädikats- und Qualitätsweingüter (VDP) aufgenommen wurde.

Aus heutiger ökologischer Sicht machte Pfeffer noch einen Rückschritt. Als Herbizide verfügbar wurden, setzte auch er sie als Hilfsmittel ein, um unterhalb der Reben unerwünschte Beikräuter abzutöten. »Mein Vater war schon immer offen für Neues. Als erster Winzer im Ort hatte er einen Traktor und war beim Einsatz von Herbiziden Vorreiter.« Damals suchte der Weinbau händeringend nach Arbeitskräften und nahm die chemischen Hilfsmittel gerne auf. Doch bald sollte Helmut Pfeffer beginnen zu zweifeln. Er las Bücher wie »Die Grenzen des Wachstums« vom Club of Rome, und gemeinsam mit seiner Frau Hanni engagierte er sich in der Entwicklungshilfe. Hier hinterfragten beide, wie sinnvoll es sei, die intensive industrielle Landwirtschaft mit all ihren ökologischen Nachteilen weiter in der Welt zu verbreiten. Ab einem gewissen Punkt machte es klick, und die Eltern merkten, dass sie im eigenen Weingut entgegen ihren politischen und ökologischen Ansichten wirtschafteten. Das sollte sich nun ändern. Zum Glück gab es in der Region Landwirtinnen und Landwirte, die bereits seit Jahren ökologisch arbeiteten und von denen man sich wertvolle Tipps holen konnte. Parallel formte sich der gesellschaftliche Widerstand gegen die Atomenergie, was weiteres Wasser auf die Mühlen der Öko-Bewegung war.

Das Jahr 1972 war für die Winzerfamilie besonders herausfordernd. Nach einer umfassenden Flurbereinigung erhielt sie ihre Weinberge zurück: Hecken waren verschwunden, ebenso die Terrassen. Alles war verschoben, und der Humusanteil ihrer Flächen lag nun bei gerade einmal einem Prozent. Fruchtbaren Humus aufzubauen ist eine Aufgabe über Jahrzehnte. Angebautes Kleegras versorgte den Boden wieder mit Stickstoff, und statt künstlichem Mineraldünger setzte die Familie auf das organische Pendant. »Erst nach 25 Jahren war der Boden wieder in einem fruchtbaren und kraftvollen Zustand.« Nun ergaben sich andere Probleme. »Jedes Mal, wenn wir die Erde lockerten, setzten wir zu viele Nährstoffe frei. Werden diese nicht von Pflanzen aufgenommen, landen sie als Nitrat im Grundwasser.« Zudem neigen kurz vor der Reife stehende Trauben bei Nährstoffüberschuss gerne zur Fäulnis. »Anfang der 2000er genügten die Trauben nicht mehr unserem Qualitätsanspruch.« Die rettende Idee kam von Lotte Pfeffer-Müllers Mann Hans, der sich bereits seit einiger Zeit mit dem biologisch-dynamischen Weinbau beschäftigte.

Bei Lotte Pfeffer-Müller und Hans Müller haben Pestizide & Co. nichts verloren. Foto: Jens Brehl

Mittels der biologisch-dynamischen Präparate gelang es, die Abgabe von Stickstoff zu steuern. (Mehr Informationen zu den biologisch-dynamischen Präparaten finden sich im Kapitel »Wenn Utopien wahr werden« ab Seite 34). 2008 schloss sich das Weingut offiziell dem Anbauverband Demeter an.

Auch Lotte Pfeffer-Müller hat biologisch-dynamische Wurzeln. Von 1978 bis 1982 studierte sie Weinbau an der Hochschule Greisenheim. »Dort gab es weder einen Lehrstuhl noch Vorlesungen für ökologischen Weinbau.« Daher erwog sie nach dem Studium ein einjähriges Praktikum auf einem Bio-Bauernhof. Unter anderem suchte sie via Annonce eine passende Stelle und erhielt vorwiegend Heiratsangebote einsamer Landwirte. Aus dem Praktikum wurde am Ende eine zweijährige Ausbildung, die sie nach Schleswig-Holstein führte. Auf einem Demeter-Hof kümmerte sie sich um Obstanbau und Mastvieh, auch der darauffolgende Bioland-Betrieb war mit 25 Milchkühen, Ackerbau und großem Bauerngarten breit aufgestellt.

Beim Umstellen des heimischen Weinguts auf ökologische Wirtschaftsweise war nicht »nur« der Aufbau von fruchtbarem Humus entscheidend, es galt auch, Schädlinge wie etwa die Rote Spinne von den Trauben fernzuhalten. Mit chemischen Gift wäre das kein »Problem«. Allerdings fallen dem auch Nützlinge wie Raubmilben zum Opfer, die die Rote Spinne quasi leer saugen. Da die Pfeffers fortan auf Chemie verzichteten, galt es, die Raubmilben wieder aktiv anzusiedeln – was einfacher gesagt als getan war. Der nahezu flächendeckende Einsatz von Pestiziden im konventionellen Weinbau hatte sie auf bewirtschafteten Flächen ausgerottet. »In brach liegenden Weinbergen haben wir von den Reben ein Stück Holz genommen, in unsere Weinberge gebracht und dort an den einzelnen Reben befestigt«, erinnert sich Pfeffer-Müller. Damit die Raubmilben auf Dauer wieder heimisch bleiben, braucht es auch Pollen als Nahrungsangebot. Schließlich würden die Nützlinge wieder abwandern, wenn die letzte Rote Spinne verputzt ist, und müssten bei einem erneuten Befall wieder aufwendig angesiedelt werden. Wieder einmal zeigt sich, dass die Akteure der ökologischen Landwirtschaft nicht in einzelnen Maßnahmen, sondern in Systemen denken müssen. Die Raubmilbe ist im ökologischen Weinbau übrigens wieder heimisch.

Ein weiteres Problem ist der Pilzdruck. »Unser Klima ist deutlich milder geworden, sodass die Vegetationsphase zwei bis drei Wochen früher als zu den Weinbauzeiten meiner Eltern beginnt. Das begünstigt Pilzkrankheiten.« Im ökologischen Weinbau werden hierfür naturstoffliche Präparate eingesetzt: Pflanzenextrakte, Gesteinsmehle und Mineralstoffe wie Schwefel und Kupfer. Für Letztere gibt es eine Mengenbegrenzung zum Schutz der biologischen Bodenaktivität. In der EU liegt sie bei vier Kilogramm pro Hektar und Jahr, bei deutschen Bio-Weingütern sind es drei Kilogramm. Nur in Ausnahmefällen darf kurzfristig mehr eingesetzt werden. Anfang der 1990er wurde für den Einsatz im ökologischen Weinbau Kaliumphosphonat entwickelt, welches in der Natur nur unter extremen anaeroben Bedingungen wie in Vulkanen oder im Meeresschlamm vorkommt und den Kupfereinsatz minimieren kann. Sobald es mit Sauerstoff in Kontakt kommt, zerfällt es. Daher muss man das Mittel synthetisch herstellen. Es wird von der Pflanze aufgenommen, die dadurch resistenter gegen Pilze wird. Einige Akteure im südeuropäischen ökologischen Weinbau würden diesen zwei Punkten skeptisch gegenüberstehen – zugelassen ist das Kaliumphosphonat deshalb derzeit nur im konventionellen Bereich.

Als Pfeffer-Müllers Eltern das Weingut ökologisch betrieben, hatten sich in allen Anbauregionen Akteure in Vereinen zusammengeschlossen. Sie teilten ihr Wissen und definierten erste Richtlinien, denn eine staatliche Öko-Kontrolle gab es noch nicht. Schließlich schlossen sich die unterschiedlichen Gruppierungen 1985 im Bundesverband Ecovin zusammen, Helmut und Hanni Pfeffer gehörten zu den 35 Gründungsmitgliedern. Gemeinsam verabschiedeten sie nun endgültig die Richtlinien für den ökologischen Weinbau inklusive der Kellerwirtschaft, die bis dato kein Anbauverband vorweisen konnte. Kein Wunder: Winzerinnen und Winzer sind Landwirte, Verarbeiter und Vermarkter in Personalunion. So gab es in den Anbauverbänden zwar Richtlinien für ökologischen Anbau, aber nicht für das Weiterverarbeiten von Lebensmitteln. Von 2008 bis 2015 begleitete Lotte Pfeffer-Müller den Posten als Vorstandsvorsitzende bei Ecovin.

»Meine Vision ist eine vollständige ökologische Landwirtschaft«, sagt sie zum Abschluss unseres Gesprächs. Allerdings müsse der Markt und damit auch die Nachfrage nach Bio-Weinen entsprechend wachsen. Zudem müssten wir uns darauf einstellen, dass Lebensmittel

Ein geübter Blick erkennt Qualität. Foto: Jens Brehl

teurer würden, denn im ökologischen Anbau ist der Ertrag nun einmal geringer und das Wirtschaften im Einklang mit der Natur aufwendiger. Noch sind faire Preise nicht in Sicht, so müssen konventionelle Landwirtinnen und Landwirte in der Regel nicht für Umweltschäden aufkommen. Diese zahlt die Allgemeinheit, wie bei Nitrat, welches bei überdüngten Flächen ins Grundwasser gelangt. Wasserwerke filtern es kostenaufwendig aus dem Trinkwasser, was sie mit steigenden Gebühren an alle Wasserkunden weitergeben. Zudem müssten sich weite Teile der Wirtschaft ebenso wandeln, gibt Pfeffer-Müller zu bedenken. Noch sind die Produkte der agrochemischen Industrie mit Unternehmen wie BASF und Bayer gefragt. Jeder Strukturwandel kostet Arbeitsplätze und ist für ganze Regionen mitunter herausfordernd, wie man im Falle des Kohlebergbaus sieht. »Die Gemeinsame Agrarpolitik der EU ist ein großer Schlüssel, um auf breiter Ebene etwas zu verändern. Hier könnte man etliche Milliarden Euro gezielt in die ökologische Agrarwende investieren.«

»Wir müssen bio zum Normalfall machen«

Rapunzel Naturkost, Bayern

Das Gute liegt oft direkt vor der Haustür, wie ich bei den Recherchen zu meinem Buch »Regionale Biolebensmittel«[43] erfahren habe. Rund um meine osthessische Heimatstadt Fulda gibt es eine wahre Fülle an ökologisch arbeitenden Landwirtinnen und Produzenten, sodass ich in Sachen Bio-Lebensmitteln aus dem Vollen schöpfen kann. So-sehr mir die besondere Frische und kurzen Transportwege gefallen, müssen wir die ökologische Agrarwende global denken. Was nutzt es, auf den Punkt gebracht, wenn wir im Einklang mit der Natur Lebensmittel produzieren, aber rings um uns herum alles vergiftet wird? Wir leben alle auf dem gleichen Planeten, und so betreffen uns direkt oder indirekt auch Umweltverschmutzungen in anderen Ländern. Klimaschutz, der Erhalt der Artenvielfalt und andere He-rausforderungen lassen sich nur global meistern. Daher treffe ich mich heute im bayerischen Legau mit Joseph Wilhelm. Gemeinsam mit Jennifer Vermeulen und weiteren Mitstreitern hat er 1974 mit Rapunzel einen heute führenden Naturkosthersteller ins Leben ge-rufen. Was einst als Wohngemeinschaft auf einem Bauernhof zur Selbstversorgung begann, bringt schon lange weltweit ökologische Anbauprojekte hervor. Alles kam zum Laufen, als Wilhelm – je nach Sichtweise – in den falschen oder richtigen Zug stieg. »Es hat sich einfach so gefügt«, sagt er milde lächelnd. »In Wirklichkeit bin ich überhaupt nicht strategisch strukturiert. Vielmehr versuche ich den

Jennifer Vermeulen brachte Joseph Wilhelm
auf den Bio-Weg. Foto: Rapunzel Naturkost

Auftrag ›von oben‹ wahrzunehmen und umzusetzen. Ich füge mich
lieber in den großen Plan ein, anstatt meine Ego-Ideen auszuleben
oder Strategien zu entwerfen.« Doch beginnen wir, frei nach Heinz
Erhard, der Einfachheit halber am Anfang.

Joseph Wilhelm wuchs auf dem Bauernhof seiner Eltern in
Großaitingen auf. Mit seinen 35 Hektar, Milchvieh, Getreide- und
Kartoffelanbau war er zwar breit aufgestellt, aber konventionell
betrieben. Es sei nicht immer alles toll gewesen, gibt Wilhelm zu.
Als junger Bub musste er Saatgut mit einem chemischen Pulver
beizen, damit es nicht von Mäusen aufgefressen und im Boden

in der Zeit zwischen Aussaat und Keimen nicht schimmeln würde. Das Saatgut kam zusammen mit dem Pulver in eine Trommel, die Wilhelm anschließend fleißig drehte, damit sich das Mittel gut verteilt. Allerdings staubte es dadurch auch wie verrückt, und der Junge trug keine Atemschutzmaske. Danach hatte er tagelang Blut im Stuhl. Die Eltern meinten, das gehe wieder vorüber. »Heute würde man von schwersten Vergiftungen sprechen«, sagt Wilhelm ernst.

Im Alter von 16 Jahren wollte er die Welt erkunden, und so riss er einfach von zu Hause aus. Kein Abschied, keine Erklärung, nur weg. Freunde schwärmten von Amsterdam, doch Wilhelm verwechselte die niederländische Hauptstadt mit Antwerpen, stieg in den entsprechenden Zug und landete schließlich in Belgien. »Es passiert uns immer das Richtige im Leben, Zufälle gibt es nicht«, sagt er begeistert. In Antwerpen begegnete er Jennifer Vermeulen. Durch sie kam er erstmals mit Vollwerternährung und makrobiotischen Restaurants in Kontakt. »Das war alles ganz spannend!« Derart inspiriert, absolvierte er einen biologisch-dynamischen landwirtschaftlichen Kurs in Darmstadt. Auf Dauer war es ihm in Belgien zu flach, und so kam bei Vermeulen und ihm der Wunsch auf auszuwandern. Drei Monate verbrachten sie gemeinsam auf der griechischen Insel Karpathos, doch dann brach der Zypernkonflikt aus. »Auf einmal waren überall griechische Soldaten, und die hielten, mit Maschinengewehren bewaffnet, unsere türkischen Freunde fest.« Auf Karpathos lernten sie auch Freunde aus Tasmanien kennen, und daher sollte Australien die nächste Station werden.

Doch zuerst ging es zurück auf den elterlichen Hof in Großaitingen, denn nun hieß es mitzuarbeiten, um das entsprechende Kleingeld zu verdienen. Davon hatten die beiden bereits den Vespa-Roller gekauft, auf dem es so weit wie möglich auf dem Landweg nach Tasmanien gehen sollte. »Solche verrückten Ideen hatten wir damals«, lacht Wilhelm. Das Visum für Australien hatte er dank seiner landwirtschaftlichen Ausbildung recht schnell in der Tasche –

Mit Lebensmitteln hat sich die Wohngemeinschaft damals weitgehend selbst versorgt. Foto: Rapunzel Naturkost

im Grunde konnte es losgehen. Wenige Tage vor der Abreise sahen die beiden allerdings in Augsburg ein leer stehendes Ladengeschäft, welches kurzfristig zu mieten war. Schlagartig wurde den Beinahe-auswanderern klar, dass sie hier einen der ersten Bio-Läden Deutschlands eröffnen wollten. »Von Tasmanien haben wir wieder Abstand genommen. Stattdessen wollten wir uns zu Hause einbringen und hier das Zusammenleben mitgestalten. Wenn immer alle positiv denkenden Menschen weggehen, kann sich ja nichts verändern.«

Als eine Selbstversorger-Wohngemeinschaft pachteten sie 1974 also in Pestenacker einen kleinen Bauernhof mit gerade einmal eineinhalb Hektar Fläche. Hier bauten sie auch für den Laden Gemüse an, und aus dem Holzbackofen kam frisches Brot. Der am 8. Januar 1975 eröffnete Bio-Laden wurde auf den Namen Rapunzel getauft. Im gleichnamigen Märchen der Gebrüder Grimm sehnte sich eine schwangere Frau nach dem Feldsalat aus dem Garten der Nachbarin. Wie die Frau aus dem Märchen sollten sich auch die Augsburger für alle Bio-Produkte begeistern – und nicht nur für den angebauten Feldsalat, der in Süddeutschland auch Rapunzelsalat heißt. Der Name schien zu wirken, denn gerade aus dem Umfeld der Reformhäuser fanden Kundinnen und Kunden den Weg in den Laden. »In der damaligen Zeit verkamen die Reformhäuser in Richtung ›Pillenladen‹ und es gab nur wenige Bio-Produkte«, erklärt Wilhelm den Zulauf. Eine weitere Zwischenstation für die Hippie-Wohngemeinschaft war das ehemalige Gasthaus Zur alten Post in Tegernbach, welches näher an Augsburg lag. Auch hier betrieben Wilhelm und seine Mitstreiter Gemüseanbau.

Schließlich kaufte er einen Bauernhof in Kimratshofen, die Wohngruppe wuchs, und alle arbeiteten für den Erfolg von Rapunzel. Hier kam Wilhelm auch auf die Idee Getreide anzubauen, doch er übersah, dass er weit und breit das einzige Getreidefeld anlegte. Daher freuten sich alle Vögel der Region über das Büfett – zu ernten gab es hinterher nichts mehr. Doch die kleinen Rückschläge verkraftete die Gruppe bestens. Schließlich verstand man sich aufs Improvisieren. Die Haselnüsse für das Nussmus in der Pfanne zu rösten war beispielsweise nicht nur mühsam, sondern vor allem ineffektiv. Manche Nuss stand kurz vor dem Aggregatzustand Kohle, während andere noch roh waren. Die Lösung war eine umfunktionierte Waschmaschinentrommel, unter der man einen Gasbrenner platzierte.

Auch wenn der Bio-Laden großen Zuspruch fand, so wundere ich mich doch, wie das ganze Abenteuer finanziell überhaupt möglich war. »Wir konnten damals extrem günstig leben«, schwärmt Wilhelm. Mit Lebensmitteln versorgte sich die Gruppe weitgehend selbst, und darüber hinaus bekam jeder und jede zumindest das Minimum, was er oder sie zum Leben brauchte. Niemand besaß eine Krankenversicherung, denn das war damals ein absolutes No-Go unter Ökos.

Der erste VW-Bulli kostete 1.500 Mark. Als er kaputtging, gab es für schlappe 100 Mark Ersatz, ein Ersatzmotor kostete so-

VW-Bullis bildeten das logistische Rückgrat, um Bio-Lebensmittel in der Bundesrepublik zu verteilen. Vater Joseph Wilhelm mit Sohn Leonhard. Foto: Rapunzel Naturkost

gar nur die Hälfte. Einer der alten Bullis ist übrigens als mobiler Bienenstand bei Wilhelms Vater gelandet. Bei allen spirituellen und philosophischen Gedanken blieb die Gruppe doch immer mit dem Ort und dem Boden verbunden. Die landwirtschaftliche Arbeit erdete alle im wahrsten Sinne des Wortes. »Wir waren schon sehr missionarisch damals«, gibt Wilhelm offen zu. »Aber unsere Aktionen sollten ja auch bei den Menschen ankommen und nicht verpuffen.« Im Schneidersitz meditierend ist demnach niemand davongeschwebt. Noch heute bewirtschaftet Wilhelm den Hof im Nebenerwerb. Dort betreibt er Gemüseanbau und hält Pinzgauer Rinder, eine vom Aussterben bedrohte Nutztierrasse. »Die Arbeit erdet mich immer wieder und verhindert, dass ich abhebe. Der Hof nötigt mich, präsent zu sein, und hält mich auch körperlich fit.«

Ausgerechnet eine Badewanne steht als Symbol für Wilhelms Anfang, die ökologische Landwirtschaft in der Welt zu verbreiten. Für den Laden mischten er und seine Mitstreiterinnen und Mitstreiter dort die ersten Müslis. Ja, die Badewanne wurde extra angeschafft und auch nur dafür genutzt. Haferflocken in Bio-Qualität zu bekommen war recht einfach, nur bei Rosinen haperte es. Daher schnallte sich Wilhelm den Rucksack um und reiste 1976 das erste Mal nach Izmir in die Türkei. Beim türkischen Konsulat ließ er sich eine Liste mit Exportunternehmen geben, die er der Reihe nach auf der Suche nach Trockenfrüchten aus ökologischer Landwirtschaft abklapperte. »Die meisten haben mich ausgelacht. Das war aber auch kein Wunder: Vor ihnen stand ein 21-Jähriger mit langen Haaren und Birkenstocksandalen.«

Ein Exporteur nahm den seltsamen jungen Mann aus Deutschland dann doch ernst. Gemeinsam fuhren die beiden in die Dörfer und besuchten die dortigen Landwirtinnen und Landwirte. »Der Exporteur war vorher noch nie auf einem Bauernhof gewesen. Bislang hatte er ausschließlich über Mittelsmänner an der Warenbörse eingekauft.« Der Exporteur stellte einen Agraringenieur an, der für ein Weinbauinstitut gearbeitet hatte. »Dem haben wir dann ökologische Anbauprojekte in Europa gezeigt und ihn somit auf die richtige Spur gebracht. Gemeinsam haben wir dann in türkischen Kaffeehäusern Landwirte zu Versammlungen eingeladen und versucht, sie ebenfalls von bio zu begeistern.«

Einige verstanden, dass ihre Böden dank ökologischer Wirtschaftsweise langfristig fruchtbarer bleiben würden, zudem lockte die angebotene Bio-Prämie, die Rapunzel auch heute noch seinen Lieferantinnen und Lieferanten zahlt. »Wir haben garantiert, die Ernte abzunehmen, und ihnen damit eine weitere Perspektive aufgezeigt.« Damals wie heute steht Rapunzel den Landwirtinnen und Landwirten auch während der Umstellung zur Seite. »Schon während der Umstellungsphase bezahlen wir immer den vollen Bio-Preis und verkaufen anschließend die Produkte als konventionelle Ware über unseren Großhandel zu einem vergleichsweise niedrigen Preis weiter.« Es sei bedauerlich, dass die Umstellungswaren nicht als eine Bio-Qualitätsstufe anerkannt seien, denn diese zu einem fairen Preis verkaufen zu können ist eine wichtige Stütze für Produzentinnen und Produzenten auf der ganzen Welt. »Früher war die Umstellqualität akzeptiert und lag preislich zwischen bio und konventionell. Aber das gibt es in der Form heute gar nicht mehr«, bedauert Wilhelm. So leistet sein Unternehmen eine freiwillige private Anschubfinanzierung und auch ein Stück weit Entwicklungshilfe. Dazu später noch mehr.

In der Türkei hatte er zunächst die ersten Landwirtinnen und Landwirte überzeugt, und er wollte direkt bei ihnen einkaufen – sehr zum Verdruss der Mittelsmänner. Die hatten Wilhelms Kontakte zu den Produzentinnen und Produzenten nicht gerne gesehen und auch einzelne Bauern unter Druck gesetzt. Heute würde man von halbmafiösen Strukturen sprechen. Als Kompromiss arbeitete Wilhelm mit den Mittelsmännern noch eine Weile zusammen, was mit enorm viel Aufwand und Kosten verbunden gewesen sei. »Die Anfangszeiten waren sehr rustikal und auf Dauer nicht akzeptabel«, stellt Wilhelm in unserem Gespräch klar. So konnte es schon einmal vorkommen, dass die Mittelsmänner Säcke mit Trockenfrüchten in irgendwelchen Schuppen lagerten. Schon bald gab es dafür eigens von Rapunzel gebaute Lagerhallen mit Kühlräumen. Hier landet die Ernte direkt vom Hof und lässt sich so bis auf das Feld zurückverfolgen. »Oft müssen wir vor Ort zum Start des ökologischen Anbaus auch Strukturen aufbrechen. Das ist nicht immer leicht.« Zunächst kam 1981 die erste Lieferung mit Rosinen und getrockneten Aprikosen aus der Türkei in Deutschland an, die dank eines Bankkredits in Höhe von 50.000 Mark auch bezahlt werden konnte. Sechs Jahre später gründete Rapunzel das erste Büro in Izmir, 1997 wuchs daraus das Tochterunternehmen Rapunzel Organik Tarim Ltd. Spätestens seit dem missglückten Putschversuch ist die Türkei politisch alles andere als stabil. »Manche Kunden trugen die Idee an uns heran, Produkte aus der Türkei zu boykottieren. Das würde aber die Landwirte und damit die falschen Leute treffen«, stellt Wilhelm entschlossen klar.

Den heutigen Standort – die ehemalige Allgäuer Molkerei in Legau – bezog Rapunzel 1985. Mittlerweile fanden die Produkte in ganz Deutschland Abnehmerinnen und Abnehmer. In den Pionierzeiten war das Angebot an Bio-Lebensmitteln positiv ausgedrückt überschaubar. Daher wollten gerne andere Bio-Läden etwas von Rapunzels Vorräten bekommen. »Das war für uns ein Aha-Erlebnis«, resümiert Wilhelm. Aus den Wünschen der Öko-Szene ist dann die Produktion für andere entstanden – und der Großhandel. Erstmals wurden die Arbeitsbereiche aufgeteilt: Zwei Mitbewohner kümmerten sich um das Ladengeschäft, die anderen um die Produktion, den Handel und die deutschlandweite Logistik. Wobei der Begriff Logistik ein wenig zu hoch gegriffen ist: Mit den alten VW-Bullis ging es quer durch die Republik. Während Freunde Baumaterial nach Frankreich fuhren, brachten sie Bio-Wein und -Käse mit, den Rapunzel dann an die Läden verteilte.

Auf der Tour zu den Berliner Bio-Läden gab es auch Abstecher zum Hamburger Hafen, um dort Bio-Honig abzuholen. »Wir hatten keinen Businessplan oder so etwas Ähnliches, es hat sich einfach alles organisch entwickelt«, freut sich Wilhelm. Als die Mengen stiegen, nahmen manche Bio-Läden als Verteilstation auch die Waren für andere an. Daraus entstanden die ersten Großhändler, wie beispielsweise Naturkost Elkershausen, welchen es heute noch gibt. Ab einem gewissen Punkt lieferte Rapunzel nur noch an die regionalen Großhändler. Erst seit 2003 ist damit Schluss. Seitdem verschickt der Naturkosthersteller seine Waren mit der eigenen Logistik wieder selbst direkt an den Einzelhandel. Die Botschaft, bald nicht mehr mit dem Großhandel zu kooperieren, überbrachten Wilhelm und weitere Mitarbeiterinnen und Mitarbeiter persönlich. »Es gab teilweise heftige Auseinandersetzungen. Manch ein Großhändler hat seinen Kunden geraten, unsere Produkte zu boykottieren. Da tobte schon ein kleiner Krieg, und manche Bio-Läden verzichten auch heute noch auf unser Sortiment. Aber bereits nach einem halben Jahr hatten sich die Wogen wieder geglättet«, er-

Gemeinsam mit Margit Epple und seinem Vater lenkt heute auch Sohn Leonhard Wilhelm die Geschicke des Unternehmens. Foto: Rapunzel Naturkost

klärt Wilhelm entspannt. Man hatte gemerkt, dass man über den Großhandel den direkten Kontakt zu den Kundinnen und Kunden verloren hatte, wodurch es mitunter schwer gewesen sei, die Philosophie zu transportieren. Die ohne den Zwischenhandel höheren Margen würden teilweise durch den größeren Kostenaufwand bei der Logistik wieder kompensiert.

Doch wir wollten ja noch darüber reden, wie Rapunzel den Bio-Anbau weiter in die Welt brachte. Ein entscheidender Punkt dabei war ein echter Tabubruch. »Wir hatten ja damals alle kleine Kinder, die unsere guten Bio-Lebensmittel bekamen. Nur bei Besuchen gab es Schokolade von den Großeltern. Natürlich konventionelle, denn es gab ja keine Alternative.« Das wollte Wilhelm ändern und die weltweit erste Bio-Schokolade herstellen. Eine deutsche Molkerei, die Bio-Milchpulver liefern konnte, war recht schnell gefunden. Eine Schweizer Familie vermittelte den Kontakt zu ihren Verwandten in Brasilien, die Vollrohrzucker herstellten. Über den Freund eines

Freundes, der damals bei der Deutschen Gesellschaft für Technische Zusammenarbeit (heute Deutsche Gesellschaft für Internationale Zusammenarbeit) tätig war, entstand der Kontakt zur Kakaokooperative El Ceibo in Bolivien.

Wieder reiste Wilhelm durch die Welt. »Wenn man den Anspruch hat, dass jede Zutat vollständig bio sein muss, bedeutet das einen entsprechenden Aufwand. Umso größer war die Freude über den Erfolg.« Als die Zutaten komplett waren, fand sich auch ein Schweizer Chocolatier. Die erste Bio-Schokolade kam dann 1987 auf den Markt, doch für einen Teil der Naturkostszene war eine rote Linie überschritten. Bio-Lebensmittel sollten vollwertig und gesund sein, Schokolade war der Sündenfall. »Tatsächlich haben viele Ladner abgewunken. Unser Anspruch war es jedoch, dass es alle Lebensmittel auch in bio geben muss, sonst existieren ja keine Alternativen. Dann müssen die Menschen konventionelle Produkte kaufen. Wir tun uns als Bio-Bewegung keinen Gefallen, wenn wir Kunden in Sachen Ernährung bevormunden. Wenn wir offen sind, gewinnen wir immer mehr Menschen, die sich für die ökologische Landwirtschaft interessieren«, erklärt Wilhelm. Übrigens folgt Rapunzels Schokoaufstrich »Samba« der gleichen Logik. Heute sind ökologische Süßigkeiten wohl aus keinem Bio-Laden oder -Supermarkt wegzudenken.

El Ceibo brachte bei Wilhelm einen Stein ins Rollen. Vor Ort ermöglichte Rapunzel den Ausbau der Kooperative, sodass man dort einen Teil der gerösteten Kakaobohnen zu Kakaobutter verarbeiten und somit seitdem mehr Geld verdienen kann. Fachkundige sprechen von Wertschöpfung durch das Veredeln von Rohstoffen. Als die Zusammenarbeit begann, kam Fair Trade auf. Produzenten sollten einen fairen Preis für ihre Waren erhalten, auf Kinderarbeit verzichten können und vieles mehr. »In unseren Augen war das zu kurz gedacht, denn bei Fair Trade spielte bio anfangs keine Rolle. Dabei sichert die ökologische Landwirtschaft nachhaltig fruchtbare Böden, und die Bio-Qualität der Produkte ist ein echter Mehrwert.

Daher haben wir fairen Handel und bio in unserem eigenen Hand-in-Hand-Programm gebündelt.« Der externe Dienstleister Ecocert IMOswiss kontrolliert und zertifiziert alle entsprechenden Produzentinnen und Produzenten, ob sie die Richtlinien in Sachen ökologischem Landbau und den von Rapunzel definierten Ansprüchen im fairen Handel einhalten. Zusätzlich zur gezahlten Bio-Prämie gibt es dann noch eine Hand-in-Hand-Prämie. Diese Fairhandelsprämie steht den Partnerinnen und Partnern für ökologisch-soziale Gemeinschaftsprojekte der Bauern- und Arbeitergemeinschaft zur Verfügung. Rapunzel hat allein im Jahr 2018 über 500.000 Euro an die Hand-in-Hand-Partnerinnen und -Partner bezahlt. Heute machen deren Produkte ein Fünftel des Umsatzes aus.

Aber auch das reichte Wilhelm irgendwann nicht mehr, schließlich wollte man ebenso im Umfeld der Erzeugerinnen und Erzeuger wichtige soziale und ökologische Projekte fördern. Daher rief er 1998 den Hand-in-Hand-Fonds ins Leben. Ein Prozent des jährlichen Einkaufswerts aller Hand-in-Hand-Produkte landet seitdem im Fördertopf. Welche Projekte unterstützt werden, entscheidet eine Jury, bei der auch die Deutsche Umwelthilfe als Partner mit von der Partie ist. Von der Komposttoilette über Schulen für Mädchen bis hin zur Hilfe nach Erdbeben reicht die Palette der Maßnahmen. Mit Stand 31. Dezember 2019 wurden bislang 1,8 Millionen Euro verteilt. »Da zeigt sich, was möglich ist, wenn man den Mut hat, die Gelder dafür bereitzustellen. Das ist natürlich nur machbar, wenn Kunden unser Engagement entsprechend würdigen.« Ein Überblick über alle weltweiten Anbauprojekte, das Hand-in-Hand-Programm und dessen Fonds ist auf der Internetseite von Rapunzel verfügbar.[44] Ausführliche Jahresberichte versprechen ebenfalls ein hohes Maß an Transparenz. »Wir haben keine Geheimnisse«, betont Wilhelm.

Zum Abschluss unseres Gesprächs frage ich nach einem Fazit über die Bio-Branche. Schließlich hat er deren Geburtsstunde nicht nur hautnah miterlebt, sondern die Entwicklung maßgeblich mitgestaltet. »Im Handel ist nach wie vor fast alles beim Alten, hier sind alternative Verhaltensweisen weniger ausgeprägt als beispielsweise in der ökologischen Landwirtschaft. Der Handel kämpft zu sehr auf der Preisschiene. Für bio ist das falsch, was ich unseren Kunden wie Alnatura und Dennree auch offen sage. Ursprünglich sind wir angetreten, um die Welt zu verändern. Stattdessen sind wir von einer politischen Bewegung zu einer Branche verkommen«, geht er hart ins Gericht. »Großhändler und Hersteller haben Profil verloren, wir sind viel zu glatt geworden und haben es uns im bestehenden System zu bequem gemacht.« Es gelte, wieder verstärkt offen Haltung zu zeigen und sich im Rahmen der Möglichkeiten in den gesellschaftlichen Diskurs und in die Politik einzubringen. »Wenn wir uns das trauen, werden es unsere Kunden entsprechend honorieren. Da bin ich mir ganz sicher.«

Zudem gebe es den blöden Spruch, bio sei in der Mitte der Gesellschaft angekommen. »Wenn das so ist, warum kaufen dann nicht mehr Leute Bio-Lebensmittel? Die Diskrepanz von Wissen und entsprechendem Handeln ist mitunter riesig.« Das Ziel: »Wir müssen bio zum Normalfall machen, wobei wir davon leider noch ein großes Stück entfernt sind.«

»Nicht bio ist zu teuer, sondern konventionell ist zu billig«

EU-Politiker und Bio-Bauer Martin Häusling, Hessen

»Bei der Energiewende haben wir auch nicht darauf gewartet, dass alle Ökostrom kaufen. RWE hat seine Atomkraftwerke nicht freiwillig abgeschaltet. Vielmehr war die Energiewende ein politischer Wille. Es wurden entsprechende finanzielle Anreize, Investitionssicherheiten geschaffen, und die Allgemeinheit musste dafür aufkommen. Bei der ökologischen Agrarwende soll es plötzlich der einzelne mündige Konsument richten, aber so funktioniert es nicht«, sagt Martin Häusling, Bio-Bauer und Europa-Abgeordneter der Grünen/EFA. Das Motto »Sollen sie halt mehr Bio-Lebensmittel kaufen, der Markt wird es schon richten« greift hier leider nicht – denn dass der Markt es nicht richtet, zeigen die Zahlen. Auch wenn die Branche auf der jährlichen Leitmesse Biofach sich und das Wachstum feiert, hatten Bio-Lebensmittel 2018 in Deutschland gerade einmal einen Anteil von etwa 5,3 Prozent erreicht.[45] Solange vermeintlich billige konventionelle Lebensmittel den Markt fluten, ist bio auf preislichem Niveau nicht konkurrenzfähig. »Als junger Mensch glaubt man, die Welt höchstpersönlich verändern zu können. Man muss jedoch später erkennen, dass man droht sich mit seinem Engagement zu verausgaben, wenn die politischen Rahmenbedingungen nicht passen. Wenn die Politik in Richtung industrielle Landwirtschaft läuft, dann ändert sich nicht grundlegend etwas in ökologischer Hinsicht.«

Was man wie politisch ändern könnte, möchte ich von Martin Häusling erfahren. Er ist agrarpolitischer Sprecher der Grünen/ EFA im Europäischen Parlament, wirkt auf europäischer Ebene bei Verhandlungen im Agrarausschuss mit und sitzt im Umweltausschuss. In Letzterem werden Fragen von Pestizidzulassungen bis hin zur Energiewende diskutiert. Daher ist er in meinen Augen ein geeigneter Gesprächspartner, zumal er als Bio-Bauer auch die tägliche Praxis kennt. Als Treffpunkt habe ich mir seinen Bio-Hof im nordhessischen Bad Zwesten Oberurff ausgesucht, den mittlerweile seine Söhne Lucas und Silas führen.

Den Kellerwaldhof hatte Martin Häusling 1986 von seinen Eltern übernommen, umgehend auf ökologische Landwirtschaft umgestellt und sich dem Anbauverband Bioland angeschlossen. Der Hof ist einer der typischen Aussiedlerhöfe, die in den 1960er-Jahren entstanden. Gerade einmal 20 Hektar, 20 Kühe, 4 Mastbullen und 40 Schweine sollten das Einkommen für zwei Generationen sichern. »Das Modell war bereits überholt, als der Hof gebaut wurde«, sagt Häusling lachend. Die Startbedingungen waren demnach alles andere als ideal, und die Eltern erweiterten den Hof sukzessive. Heute liefern 100 Kühe Milch, von denen täglich in der eigenen Käserei 500 Liter verarbeitet werden. Der Rest geht an die Upländer Bauernmolkerei. Häuslings setzen mit ihrem eigenen Hof- und Naturkostladen bewusst auf Direktvertrieb. Im engen Kontakt mit den Kunden lässt sich besser erklären, wie die hochwertigen Lebensmittel hergestellt wurden, als wenn sie nur »anonym« im Supermarktregal stehen. Zudem liegt die Käserei quasi direkt neben dem Laden – regionaler geht es nicht. Getreideanbau und Schweinemast runden das Hofangebot ab.

Einem Atomkraftwerk ist es zu verdanken, dass der Kellerwaldhof ökologisch bewirtschaftet wird. Besser gesagt: einem Atomkraft-

Die ökologische Agrarwende muss ein politisches Ziel sein. Einzelne, mündige Konsumenten können nicht im Alleingang das ganze Ernährungssystem wandeln, meint Martin Häusling. Foto: Johannes Arlt/laif

werk, welches dank breitem und jahrelangem Bürgerprotest nie errichtet wurde. Der Meiler sollte in den 1970ern gebaut werden, Anfang der 1980er in Betrieb gehen und in etwa 15 Kilometer Luftlinie vom Kellerwaldhof entfernt in Borken stehen. Die Planungen wurden 1988 schließlich eingestellt. Das kontroverse Vorhaben trieb den jungen Martin Häusling in die Politik. Als Sohn eines konventionellen Bauern trat er schließlich 1979 bei den Grünen ein und mischt seit 1981 in der Kommunalpolitik mit. »Damals gab es eine größere Aufbruchstimmung als heute. Die ersten Grünen zogen in die Parlamente ein, und man wollte radikal anders leben«, schwärmt Häusling. »Heute bin ich schon radikal, wenn ich weniger Wurst esse, nur alle zwei Jahre in den Urlaub fliege oder ein Elektroauto kaufe. Das steht aber nicht für eine ökologische Wende, vielmehr richten wir uns im heutigen System ein.« Er selbst begann durch den Kontakt mit den Grünen nicht nur die Energiepolitik zu hinterfragen, sondern sein eigenes Handeln als Bauer.

Häusling besuchte die landwirtschaftliche Fachschule in Fritzlar. »Ökologischer Landbau war damals nur etwas für ›Durchgeknallte‹. Ein Lehrer wollte sogar das Insektizid DDT trinken, weil das angeblich ungefährlich sei. Die gleiche Diskussion führen wir heute mit Glyphosat.« Dennoch gab es vereinzelt Schüler, die das alte Denkmuster der Technik- und Chemiegläubigkeit aufbrechen wollten. So wagte die Schule erste Ausflüge in die Welt der Bio-Bauern. Man besuchte den Dottenfelder Hof in Bad Vilbel und einen Betrieb in Reichensachsen. »Die waren als Einzige zur damaligen Zeit in Hessen vorzeigbar«, sagt Häusling trocken. »Viele der ersten Demeter- und Bioland-Betriebe waren fundamentalistisch. So durfte der Acker nicht gepflügt und das Gras erst spät gemäht werden, damit Samen enthalten sind. Einige Tipps hätte ich nicht befolgen sollen, dann wäre mir so mancher unnötiger Fehler erspart geblieben.« Der Kellerwaldhof hat relativ schwere Böden, ohne einen angemessenen Pflugeinsatz breiteten sich bald Quecke, Disteln und Ampfer auf dem Acker aus. Konventionelle Bäuerinnen und Bauern schüttelten beim Anblick von Häuslings Acker die Köpfe. Das Vorurteil, nur mit Chemie unerwünschte Beikräuter fernhalten zu können, verfestigte sich weiter. Doch Häusling lernte aus seinen Fehlern. Bald mähte er die Wiesen wieder früher, damit der Gehalt an Nährstoffen im Futter stimmt. »Wir haben in diesen Zeiten viele Pioniergewinne gemacht, aber auch genauso viele Verluste.«

Als die unerwünschten Beikräuter auf dem Acker sprossen, wurde Vater Hans doch etwas nervös, zumal auch der Ernteertrag in den ersten Jahren der Umstellung deutlich zurückging. Es gab noch nicht genügend Festmist, und Kleegras musste in der Fruchtfolge den Boden erst noch mit ausreichend Stickstoff versorgen. Kunstdünger war ja ab sofort tabu. Häuslings Vater stammt aus der Landwirtschaftsgeneration der 1950er. Dort bekam man angesichts der chemischen Mittel strahlende Augen. »Das ist eine Generation, die Technik nur positiv gesehen und erlebt hat. Die negativen Folgen sind ja auf den ersten Blick nicht wahrzunehmen. Wer hat denn damals über den Verlust von Biodiversität geredet?«

Ein weiteres Problem gab es zunächst mit der Bio-Milch vom Kellerwaldhof. Da die damalige Molkerei diese später mit der konventionellen Milch zusammenschüttete, erhielt Häusling auch nur den Preis für konventionelle Ware. Es gab weder einen vergleichbaren Markt für Bio-Milch noch eine Umstellungsprämie wie heute. Die damaligen Landwirtinnen und Landwirte mussten demnach wirtschaftlich neue Wege gehen, um die Öko-Ideale auch leben zu können. Im Falle der Häuslings war es der Hofladen und wenige Jahre später die eigene Käserei, um die Milch zu veredeln. In einer umgeräumten Garage bot man zunächst Gemüse an. Kritikerinnen und Kritiker konnten allerdings nicht glauben, dass jemand auf einen Bauernhof fährt, um dort einzukaufen. Doch der Erfolg stellte sich auf dem Kellerwaldhof bald ein. »Die wertschätzenden Kunden haben sehr zum Frieden meiner Eltern beigetragen.«

Eine klare Absage erteilt Häusling den Discountern. »Mit Aldi und Lidl mache ich keine Bio-Wende.« Das sieht Bioland-Präsident

Die Schätze reifen im Käsekeller. Foto: Jens Brehl

Jan Plagge anders; seit Januar 2019 kooperiert sein Anbauverband offiziell mit dem Discounter Lidl. »Maßgeblich für unsere Entscheidung war die Fragestellung, was wir insgesamt erreichen wollen. Nämlich einen umfassenden ökologischen Umbau der Land- und Lebensmittelwirtschaft«, so Plagge. »Unser gemeinsames Ziel ist es, den heimischen ökologischen Landbau zu fördern und voranzubringen. Nicht weil es um Profite oder Wachstum geht – sondern weil es eine Notwendigkeit ist.« Man erreiche durch die Kooperation mehr Käuferschichten, und von einem höheren Absatz von Bio-Lebensmitteln profitiere auch der Umweltschutz.[46] Mir persönlich war es neu, dass ein Discounter das Ziel hat, den heimischen ökologischen Landbau zu fördern, und aus meiner Sicht betreibt Lidl reines Greenwashing. Sprich, das Unternehmen gibt sich einen grünen Anstrich. Ein paar Bioland-Produkte sind schnell ins Regal gestellt, das dazugehörige Image als Umweltschützer ist damit leicht kreiert. Bioland selbst riskiert seine Glaubwürdigkeit und schickt seine Mitglieder in den harten Preiskampf. Böse Zungen könnten auch von einem Ausverkauf der Ideale sprechen. Zudem müssen Landwirtinnen und

Landwirte noch mehr argumentieren, warum der Bioland-Käse in ihrem Hofladen mehr kostet als beim Discounter. Ob die Landwirte und die ökologische Agrarwende letztendlich profitieren, wird die Zukunft zeigen. »Bio-Lebensmittel zu Discounterpreisen ist das Ende von bio«, bringt es Häusling auf den Punkt. Bioland bei Lidl scheint jedoch eine Erfolgsgeschichte zu sein, wie ein Rückblick auf das erste Jahr der Kooperation zeigt. In einem Interview bekräftigte Plagge, dass auch bei einem Ladenverkaufspreis von 0,99 Euro pro Liter frischer Bioland-Milch den Landwirtinnen und Landwirten faire Erzeugerpreise gezahlt würden. Ein Preiskampf würde sich nicht abzeichnen. »Wir fühlen uns absolut als Partner auf Augenhöhe. Wir brauchen die Absatzkanäle im gesamten Einzelhandel – im Fachhandel und im LEH für 20 Prozent bio (so hoch soll der Anteil der Biofläche bis spätestens 2030 in Deutschland sein, Anmerkung Jens Brehl)«, gibt er dort zu Protokoll.[47]

Auch für Lidl geht die Rechnung auf. Seit dem Auftakt der Kooperation stieg der Umsatz mit Bio-Produkten um 44 Prozent. »Unser Bio-Umsatz wächst im höheren zweistelligen Bereich, und Umfragen zufolge konnten wir Kunden von konventionellen Produkten zu bio bewegen«, bestätigte Lidl-Manager Jan Bock gegenüber dem Fachmagazin Biowelt. Das Bioland-Sortiment werde man weiter ausbauen. Bio- und speziell Bioland-Produkte sollen die erste Wahl der Kundschaft werden.[48]

Zur Wahrheit gehört auch, dass Bioland-Produkte schon lange auch in Discountern zu finden sind, nur prangte bisher nicht das entsprechende Siegel auf den Verpackungen. Hinter mancher Eigenmarke eines Supermarkts oder Discounters stecken Produzenten, die wiederum Mitglieder eines Anbauverbandes wie Bioland sind oder nach dessen Richtlinien zertifizierte Rohstoffe verarbeiten.

Doch bei aller Öko-Romantik ist in Deutschland die industrielle Landwirtschaft bestimmend. Häusling beobachtet seit Jahren, dass sich Landwirtinnen und Landwirte in zwei Lager aufspalten. Auf der einen Seite stehen die Ökos und auf der anderen die Konvis, die mit allen Mitteln Maximalerträge einfahren und es dank Chemie knallhart bis zum bitteren Ende durchziehen. »Bei einem unserer Nachbarn bleibt kein Feld ohne Glyphosat.« Es verschwinde mit kleinen, extensiv wirtschaftenden Betrieben die Mittelschicht. Viele konventionelle Bäuerinnen und Bauern könnten gar nicht mehr aus dem Hamsterrad aussteigen. Ist erst einmal für über eine Million Euro der Stall für die Massentierhaltung à la 30.000 Masthähnchen gebaut, muss er jahrelang betrieben werden. Schließlich gilt es, die Kredite abzubezahlen. Jede Investition in die konventionelle Landwirtschaft bremst die ökologische Wende über Jahre bis Jahrzehnte aus.

»Schon längst sind im konventionellen Bereich die Grenzen des Wachstums erreicht. Die Massentierhaltung von Hähnchen oder Schweinen wird irgendwann kein Thema mehr sein, weil dort keine Antibiotika mehr eingesetzt werden können«, sagt Häusling ernst. Stichwort: resistente Krankheitserreger, hervorgerufen durch massiven Einsatz der Medikamente. »Ebenso werden Beikräuter resistent gegen bestimmte chemische Spritzmittel, und man kann auch nicht alle drei Jahre auf dem gleichen Acker Raps anbauen. Die Fruchtfolgen sind teilweise viel zu kurz. Die konventionelle Landwirtschaft ist in ihrer jetzigen Form kein Zukunftsmodell.« In Teilen scheint das auch die Bundesregierung erkannt zu haben. Im aktuellen Koalitionsvertrag ist verankert, dass 2030 ein Fünftel der Flächen ökologisch bewirtschaftet werden sollen. Das ist durchaus realistisch, denn schon heute sind es 9,1 Prozent. Ein ambitioniertes Ziel ist es allerdings in meinen Augen nicht. Im Gespräch bemerkt Häusling recht schnell meine mittlerweile fehlende Geduld in Sachen ökologischer Agrarwende. »Als ich mit Bio-Landwirtschaft angefangen habe, lag der Flächenanteil im Promillebereich. Niemand hätte gedacht, dass Hessen mit einem Anteil von 14,5 Prozent[49] einmal führend sein wird. Natürlich kann man sagen, das sei wenig. Wir müssen aber auch die Perspektive wechseln und anerkennen, was wir schon alles erreicht haben. Weil ich fest daran glaube, etwas bewegen zu können, mache ich Politik.«

Dann mal Butter bei die Fische: Wo klemmt es denn bei der ökologischen Agrarwende? Zunächst einmal sagen die Preise nicht die Wahrheit. Das konventionelle Schnitzel aus der Massentierhaltung ist an der Fleischtheke billig zu haben, kommt uns aber im eigenen Geldbeutel teuer zu stehen. Wer zu viele Tiere hält, hat oft ein Problem mit der anfallenden Menge an Gülle. Auf Deutsch gesagt, muss die Scheiße irgendwo hin und landet schließlich auf dem Acker. Doch ist die Menge zu hoch, gelangen zu viel Stickstoff und Nitrat in den Boden, Letzteres landet dann im Grundwasser. Nun steigt der Aufwand der Wasserwerke, es wieder herauszufiltern, um Grenzwerte einzuhalten. Diesen Mehraufwand zahlen alle Kundinnen und Kunden mit den Wassergebühren. Auf den Punkt gebracht, kommt für diese und weitere Umweltschäden die Allgemeinheit und nicht der Verursachende auf. Man könnte auch von einer versteckten Subvention sprechen. Da mitunter die nahe gelegenen Flächen die Gülle gar nicht mehr aufnehmen können, lohnt es sich sogar wirtschaftlich, die Scheiße über Hunderte von Kilometern zu transportieren – verrückt.

Martin Häusling ist kein Freund von Verboten, deren Übertritt ja auch kontrolliert und sanktioniert werden müsste. Wer sollte ständig die ausgebrachten Güllemengen prüfen? Er plädiert für eine ökologische Steuerreform. »Bei einer CO_2-Steuer würde sich der Gülletransport nicht mehr rechnen.« Auch Stickstoff könnte besteuert werden: Wer massiv düngt, muss mehr bezahlen. Auch Pestizide ließen sich besteuern, sodass sich deren Einsatz im gewissen Rahmen halten würde. »Solange das Bio-Huhn im Supermarkt das Vierfache vom konventionellen Huhn kostet, wird sich nicht viel bewegen. Wie soll man dem Verbraucher die gerade bei Fleisch hohen Preisunterschiede erklären? Nur wenige kennen sich mit Landwirtschaft aus und wissen daher, mit welchem Aufwand Landwirte Lebensmittel herstellen. Preise müssen die Wahrheit sagen: Nicht bio ist zu teuer, sondern konventionell ist zu billig.« Tatsächlich führen wir die Debatte um gerechte Preise schon seit Jahrzehnten. So viel sei auch verraten: »An dem System unserer heutigen konventionellen Landwirtschaft verdienen eine Menge Leute viel Geld.«

Nachdem Häusling von 2003 bis 2009 im hessischen Landtag aktiv war, zog er ins Europaparlament ein – denn Agrarpolitik wird in Brüssel gemacht. Mit der Gemeinsamen Agrarpolitik (GAP) gibt es einen mächtigen Hebel. Sie wurde 1957 ins Leben gerufen, um in den Nachkriegsjahren die Erträge zu steigern, möglichst günstig Lebensmittel zu produzieren und gleichzeitig Landwirtinnen und Landwirten ein Einkommen zu garantieren. Angesichts der Hungerzeiten nach dem Zweiten Weltkrieg ein nachzuvollziehender Gedanke. Schon in den 1970ern produzierten europäische Bäuerinnen und Bauern mehr Lebensmittel, als gebraucht wurden. Heute quillt uns der Überfluss aus den Ohren, obwohl rund ein Drittel der genießbaren Lebensmittel aus unterschiedlichen Gründen im Abfall landet oder gar nicht erst geerntet wird. »Mit der Politik sind wir so erfolgreich, dass Lebensmittel nichts mehr wert sind.«

Die GAP-Politik wird auf jeweils sieben Jahre festgelegt, 2021 wäre es wieder so weit. Doch frühestens 2023 kommt die neue EU-Agrarpolitik. Bis dahin bleibt alles beim Alten. Der Topf für die GAP ist derzeit rund 58 Milliarden Euro schwer, was derzeit etwa 38 Prozent des kompletten EU-Haushalts entspricht. Etwa 114 Euro zahlt jede/r EU-BürgerIn jährlich. Drei Viertel der Mittel fließen in die erste Säule und damit in den »Europäischen Garantiefonds für die Landwirtschaft«, woraus die Flächenprämien gezahlt werden. Egal, was der Landwirt anbaut oder nicht, er bekommt pro Hektar einen festen Betrag, der derzeit bei 267 Euro liegt.[50] Je größer ein Betrieb ist, umso mehr Geld kommt aus Brüssel. Noch in den 1990ern wurden die Produktionsmengen subventioniert, wie mir Häusling erklärt. So gab es eine »Rindfleischprämie«. Pro im Schlachthof abgeliefertem Rind gab es also einen Zuschuss. Das Gleiche bei Getreide: Je mehr der Landwirt oder die Landwirtin liefern konnte, umso höher waren die Beihilfen – ob die Lebensmittel benötigt wurden oder nicht. Dann kam die Reform, mit der man die Landwirtinnen und Landwirte in den »freien Markt« entlassen wollte. Sprich, sie sollten selbst entscheiden, was sie produzieren. Dabei sei man auf die »glorreiche« Idee gekommen, als Bezugsgröße die Anzahl der Hektar zu nehmen, die ihnen gehören. Kleinbäuerliche Betriebe schauen bis zu einem gewissen Grad also schon lange in die Röhre. »Das derzeitige System belohnt die, die am rücksichtslosesten sind und am billigsten produzieren«, stellt Häusling klar.

Die zweite Säule der GAP verfügt über ein Viertel der Mittel und heißt Europäischer Landwirtschaftsfonds für die Entwicklung des ländlichen Raums. Programme für Ökolandbau, zur Unterstützung der Landwirtschaft in benachteiligten Gebieten und andere Umwelt-, Klima- und Naturschutzmaßnahmen werden damit finanziert.[51]

»Wir müssen von den Flächenprämien wegkommen und ökologische Maßnahmen fördern.« Dabei gelte es vor allem regionale Unterschiede zu berücksichtigen. »In Norddeutschland ist das Wiederverwässern von Mooren besonders sinnvoll, in Bayern das Erhalten von Bergwiesen, in Slowenien Streuobstanbau. Wir sollten nichts europaweit verordnen, was jeder Bauer umsetzen muss. Wir haben ja keine Planwirtschaft.« Wichtig wäre es, Anreize zu setzen und Landwirtinnen und Landwirte für ökologische Maßnahmen zu motivieren. Der Spruch »öffentliche Gelder für öffentliche Leistung« sei schnell dahingesagt. »Wir müssen nicht die Landwirte für den Verzicht auf Glyphosat belohnen, weil man das gesetzlich regeln könnte. Für Selbstverständliches braucht der Landwirt kein Geld aus Brüssel.« Daher müsse zunächst definiert werden, was gute fachliche Praxis ist. Häusling hinterfragt, warum Landwirtinnen und Landwirte mit einem Arsenal an Chemikalien ausgestattet werden und alleinig entscheiden können, wann sie Pestizide einsetzen. Die sogenannte Schadschwelle definiert jede und jeder für sich. Ein Beispiel: Der Kellerwaldhof baut wie ein konventioneller Nachbar Ackerbohnen als Futtermittel an. Beide Flächen waren von Bohnenläusen betroffen. Als Bio-Bauern haben die Häuslings kein Mittel, um dagegen vorzugehen. Nach einer Woche vertilgten Marienkäfer die Läuse. Zur gleichen Zeit hat der konventionelle Nachbar ein Insektizid gespritzt und damit auch eventuell vorhandene Nützlinge wie die Marienkäfer abgetötet. »Immer Chemie einzusetzen sollte nicht selbstverständlich sein.«

Der Verlust an Biodiversität sei eines der größten Umweltprobleme der EU, welches unmittelbar mit der Form der Landwirtschaft zusammenhänge. Dabei geht es nicht nur um das Töten von Insekten, sodass Vögel weniger Nahrung finden, sondern um den ökologischen Fußabdruck, den wir weltweit hinterlassen. Wie zum Beispiel die Futtermittel-Importe aus Südamerika, wo der Anbau von Soja für europäische Futtertröge Regenwald verdrängt. »Wir laden da eine enorm große Schuld auf uns.« Der Bestand der Rebhühner in Europa ist von 1980 bis 2011 um 94 Prozent zurückgegangen.[52] Die Hauptgründe sind Insektenmangel und der Verlust von Brutplätzen. Möchte man das Rebhuhn wieder ansiedeln, muss man tief in die Taschen greifen. Um es wieder heimisch zu machen, brauchen wir keine einzelnen Blühstreifen, sondern Blühfelder und extensive Flächen.

Doch warum sollte uns das Rebhuhn überhaupt interessieren? »Wir wissen nicht, welche Arten für die künftige Ernährungssicherheit wichtig sein werden. Zudem ist das Ökosystem äußerst komplex, jeder Eingriff wirkt sich aus.« Teils hängt die Ernte am seidenen Faden, wie Häusling am Beispiel des Kakaos erklärt. Dessen Blüte wird gerade einmal von einer Mückenart bestäubt. Zusätzlich wird dies von Hand erledigt, um den Ertrag zu steigern. »Wir müssen erkennen, dass die Welt nicht alleine für uns gemacht ist.« Wir können nicht alles nach unserem Belieben anpassen.

Zurück auf die europäische Ebene. Die Ökofläche hat in der EU derzeit einen Anteil von 7,2 Prozent.[53] Wie die große Öko-Revolution sieht das in meinen Augen noch nicht aus. »Wir werden die Landwirtschaft, die 60 Jahre lang industriell betrieben wurde, nicht in wenigen Jahren komplett auf bio umstellen. Die meisten Landwirte blenden seit Jahrzehnten die Ökologie aus. Bei vielen Jungbauern fängt die Gehirnwäsche in der Berufsschule an, dass es nur mit Chemie geht. Es fehlen heute noch einige Leute, die mutig neue Wege beschreiten.« Es braucht also noch eine ganze Weile weitere Bio-Pioniere.

Natürlich gibt es entsprechenden politischen Druck, die GAP wie gehabt fortzuführen und damit vor allem auf die industrielle Landwirtschaft zu setzen. So betreibt alleine die Bayer AG in Brüssel mit viel Aufwand Lobbyismus, damit der Einsatz von Pestiziden und Kunstdüngern nicht zu stark eingeschränkt wird. »Es sind nicht alle Politiker gekauft, die auf Anweisung von Bayer arbeiten. Das muss ich zur Ehrenrettung vieler Kollegen aus anderen politischen Lagern sagen. Vielmehr glauben die Abgeordneten tatsächlich daran, dass die Welt nur mit industrieller Landwirtschaft ernährt werden kann. Wer dieser Ansicht ist, lässt sich auch eher von Bayer & Co. bestätigen.«

Zudem ist die GAP in gewisser Weise ein Opfer ihres Erfolgs geworden, da der Hunger in der EU schon lange weitgehend besiegt ist. Würde man allerdings die Zahlungen an die Landwirtinnen und Landwirte einstellen, bräche das System wie ein Kartenhaus zusammen. »Betriebe politisch von Fördertöpfen abhängig zu machen ist gefährlich.« Die Förderungen würden schon lange nicht mehr vordergründig dafür genutzt, um die Lebensmittel für die europäischen Verbraucherinnen und Verbraucher billiger zu machen. Vielmehr gehe es darum, auf dem Weltmarkt konkurrenzfähig zu sein. »Kein europäischer Bauer kann so billig Milch erzeugen wie ein Neuseeländer.« Dabei müsse deutsche Milch nicht unbedingt im großen Stil auf dem Weltmarkt gehandelt werden. »Aber große Molkereien verdienen ihr Geld im globalen Geschäft und nicht im Tante-Emma-Laden. Deswegen müssen die Bauern billig produzieren, und dazu dienen die Agrarzahlungen der EU.« Zudem freuen sich Lebensmittelhersteller über möglichst billiges Milchpulver. »Die Milchpreise sind in den letzten 30 Jahren kaum gestiegen, dafür aber die Kosten. Daher ist die Hälfte der deutschen Milchbauern von EU-Subventionen abhängig.« Puh, der Bauer als armes Schwein.

Nun holt Häusling im Gespräch zum alles entscheidenden Schlag aus, denn er stellt die Systemfrage. »Der Fehler ist entstanden, als man Landwirtschaft mit dem alten Freihandelsdenken, dort zu produzieren, wo es am günstigsten ist, globalisiert hat. Günstige Produktionsstätten müssen aber nicht zwangsläufig die besten ökologischen Voraussetzungen haben.« Er selbst war mehrfach in Brasilien und hat mit eigenen Augen die Schäden des Sojaanbaus gesehen. »Soja kann man auch in Deutschland und Europa sehr gut anbauen. In Brasilien ist es besonders billig, weil keine Umweltschutzgesetze dem Einsatz von Gensoja und literweise Glyphosat im Weg stehen. Hinzu kommen niedrige Löhne und enorm große Flächen.« Solange also dieses billige Soja ohne Einschränkung in die EU importiert werden kann, so lange wird auch der heimische (ökologische) Anbau von Eiweißpflanzen nicht wettbewerbsfähig sein. »Je länger ein System aktiv ist, umso massiver sind die Widerstände, wenn man es aufbrechen will. Das ist über politische Mehrheiten möglich. Die EU-Politik ist ein Ergebnis von Wahlen. Mit Deutschland kann man in der EU-Agrarpolitik viel bewegen, und es würde sich einiges ändern, wenn wieder einmal ein Grüner Bundesminister für Landwirtschaft und Ernährung zuständig ist.«

Mir dauert das Ganze zu lange, wie ich an dieser Stelle noch einmal betone. Häusling kann sich ein Lächeln nicht verkneifen. Wenn er Vorträge über Artenschwund oder die verfehlte EU-Agrarpolitik hält, fragt mindestens eine Zuhörerin oder ein Zuhörer, warum Häusling nicht schon längst etwas geändert habe. Dann plädiert er unter anderem auch für Geduld. »Es ist mitunter vorteilhaft, wenn der Wandel dauert. In der Euphorie haben wir bereits politische Fehlentscheidungen getroffen, die uns heute noch belasten.« Bestes Beispiel sei das Vorhaben, aus Energiepflanzen wie Mais Bio-Gas zu gewinnen, mit alternativen Kraftstoffen wie Raps- oder Palmöl den Verkehr umweltfreundlicher zu machen und Strom günstiger erzeugen zu wollen. »Die letzten Förderungen dafür laufen in etwa 20 Jahren aus.«

Im Einsatz für gesunde Lebensmittel

Georg Sedlmaier, IG FÜR, Hessen/Bayern

Wie viele Leserinnen und Leser mittlerweile sicherlich verstanden haben, geht es mir in Sachen ökologischer Agrarwende nicht schnell genug. Dabei muss ich zugeben, hin und wieder frustriert zu sein, denn eigentlich wissen wir doch so viel. Wohl die meisten kennen seit Jahrzehnten schockierende Bilder aus der Massentierhaltung, und der letzte große Lebensmittelskandal ist oft nur wenige Jahre her. Wir müssten doch schon längst viel weiter sein. Zum Glück beschäftige ich mich in meiner täglichen Berichterstattung immer wieder mit positiven Beispielen und treffe Menschen, die hinter den Kulissen zum Wandel beitragen.

Einer davon ist Georg Sedlmaier, der 1997 die gemeinnützige Interessengemeinschaft FÜR gesunde Lebensmittel (IG FÜR) gegründet hat. Er wird nicht müde, als ehrenamtlicher Lobbyist für die ökologische Landwirtschaft zu werben. Dabei hat er nicht nur Politikerinnen und Politiker im Fokus, sondern setzt ganz gezielt auf Akteurinnen und Akteure des Lebensmittelhandels. Lebensmittel mit künstlichen Zusatzstoffen und die auf einer Amerikareise aufgefallene grassierende Fettleibigkeit trieben ihn an, das Bewusstsein für eine gesunde Ernährung weiter zu schärfen. Dazu braucht es politische Rahmenbedingungen, die die ökologische Landwirtschaft fördern und auch den Handel, der seinen Kundinnen und Kunden

205

passende Angebote macht. Sedlmaier ist alles andere als kontakt-scheu und freut sich über jedes gedankliche Samenkorn, welches er bei seinem Gegenüber setzen kann. Nicht immer wird er ernst genommen. »Wenn man ein Pionier sein will, braucht man Ausdauer und darf keine Scheu haben, anfangs belächelt zu werden.«

Seine Hartnäckigkeit hat er bereits in frühen Jahren gelernt. Seine Eltern führten im niederbayerischen Kollbach ein Land-kaufhaus, dessen Sortiment Lebensmittel, Drogerie- und Textil-artikel sowie Spielwaren umfasste. Der junge Sedlmaier zog zwei Sommer und einen Winter lang von Bauernhof zu Bauernhof, um die Waren feilzubieten. »Wenn man mir die Vordertür verschlossen hatte, bin ich einfach durch Kuh- oder Schweinestall wieder rein«, erzählt er lachend. Dann schlug sein kaufmännischer Instinkt an: Bald habe doch bestimmt wieder jemand Geburtstag, da brauche man doch sicher eine Kiste Wein. Waschmittel kann man nie genug haben, und dieser Vorhang hier müsste auch mal wieder erneuert werden.

Als junger Mann arbeitete er beim Lebensmittelhändler Fene-berg im Allgäu und war dort bereits in den 1980er-Jahren bei den Landwirtinnen und Landwirten auf der Suche nach glücklichen Schweinen und Kühen. Natürliche Lebensmittel rückte er in den Fokus, denn die vielen chemischen Zusatzstoffe in der Nahrung stießen ihm schon lange auf. »Das konnte doch auf Dauer nicht gut gehen.« Heute freut er sich über Lebensmittel, die mit »frei von« beworben werden, obwohl das in seinen Augen eigentlich eine Selbstverständlichkeit sein sollte. Weitere Stationen seines 50-jäh-rigen Berufslebens als Lebensmittelkaufmann waren unter anderem Rewe, Edeka und Feinkost Dallmayr in München.

Die neuen Möglichkeiten nach der Wende zogen ihn 1990 nach Fulda zum Lebensmittelhändler tegut (siehe Kapitel »Wir stehen bei bio noch am Anfang« ab Seite 13). »Wolfgang Gutber-let hat mich von Anfang an mit seinen Innovationen und Ideen beeindruckt. Mir war klar: Mit diesem Bio-Pionier kann ich mich

Georg Sedlmaier in seinem Element: Er stimmt Besucher eines Vortrags auf das Thema Klimaschutz in der ökologischen Landwirtschaft ein. Foto: Jens Brehl

gut ergänzen.« Die Bio-Lebensmittel waren damals bei tegut noch ein zartes Pflänzchen und wurden offen hinterfragt. »Viele Mitarbeiter haben gesagt, wir sollten bio aufgeben, denn das seien nur Abschreibungen und Verluste.« Sedlmaier erkannte, dass er das Verkaufspersonal in den Filialen begeistern musste, schließlich kann man Bewusstsein nicht verordnen. So stand fortan auch Ernährungslehre auf dem Plan, und er fragte die Mitarbeiterinnen und Mitarbeiter nach ihren Ideen, bio voranzubringen. »Da waren Ansätze dabei, auf die wäre ich alleine gar nicht gekommen«, schwärmt er noch heute und gibt im gleichen Augenblick zu: »Natürlich erreicht man nie alle Mitarbeiter.«

Doch warum sind auch heute noch Bio-Lebensmittel gesamtgesellschaftlich Nischenprodukte, obwohl die meisten wissen, dass die ökologische Landwirtschaft viele Antworten auf die Umweltprobleme bietet? »Das Lernen über Schmerz ist leider sehr beliebt. Manch ein Raucher braucht den ersten Herzinfarkt, bis er seine Lebensweise hinterfragt«, sagt Sedlmaier ernst. »Man könnte deswegen verzweifeln, aber das ist nicht mein Weg – auch wenn es mühsam sein kann, Bewusstsein zu schaffen.« Daraus scheint er Kraft zu gewinnen, denn immer wenn ich ihn treffe, ist er bestens gelaunt und sprüht vor Energie. Mit seinem Engagement setzt er an, wo er sich am besten auskennt: im Lebensmittelhandel. In der IG FÜR versammelt er Expertinnen und Macher, vom »einfachen« Angestellten bis zur Vorstandsvorsitzenden, aber auch Menschen aus ganz unterschiedlichen Berufen. Regelmäßig finden Vorträge und Symposien statt, zusätzlich tritt Sedlmaier regelmäßig mit Politikern und Entscheidungsträgerinnen in Kontakt. Er verkauft schon lange keine Handelswaren mehr, sondern gibt gute Argumente kostenfrei weiter. »Ich bin ein Träumer, ich träume von einer besseren Welt.«

———————— Georg Sedlmaier hat die Crowdfunding-Kampagne für dieses Buchprojekt mit 610 Euro gefördert und damit maßgeblich ermöglicht. Er ist allerdings nicht deshalb im Buch gelandet, sondern weil ich ihn ins Rampenlicht stellen wollte, da er im Lebensmittelhandel auch heute noch viele Stellschrauben in Richtung ökologische Agrarwende dreht.

Teure Höhenflüge

Felix Löwenstein im Interview

Dr. Felix Prinz zu Löwenstein ist Agraringenieur, stellte den elterlichen Betrieb Hofgut Habitzheim auf ökologische Landwirtschaft um, veröffentlichte mehrere Bücher und ist Vorstandsvorsitzender vom Bund Ökologische Lebensmittelwirtschaft (BÖLW).

Foto: BÖLW

Jens Brehl »Wir werden uns ökologisch ernähren oder gar nicht mehr« – so lautet der Untertitel Ihres Buches »Food Crash«. Das ist eine steile These. Womit untermauern Sie sie?

Felix Löwenstein Um unsere Lebensmittel zu produzieren, sind wir auf natürliche Ressourcen wie fruchtbare Böden, Artenvielfalt und nicht zuletzt auf ein günstiges Klima angewiesen. Wenn sich die Ressourcen nicht mehr regenerieren können, beschädigen wir die Grundlagen, und die damit verbundenen Probleme zeichnen sich bereits ab.

Jens Brehl Zumindest für uns in Deutschland scheint doch alles bestens zu laufen: Die Supermärkte und Discounter quellen über vor teilweise extrem günstigen Lebensmitteln.

Felix Löwenstein   Im globalen Zusammenhang wird sichtbar, dass die nur scheinbar billig sind. Regenwälder werden abgeholzt, um auf den Flächen Soja oder sogar gentechnisch verändertes Soja anzubauen, was letztendlich als Kraftfutter in den Trögen Europas landet. Gleichzeitig importieren wir mit dem Futter auch Stickstoff, der bei uns in Form von Gülle verbleibt. Weil das deutlich mehr ist, als die Pflanzen aufnehmen, gelangt Nitrat ins Grundwasser. Auch der Rückgang der Artenvielfalt – ein Problem, welches dem Klimawandel ebenbürtig ist – zeigt auf, dass unsere Welt in Sachen Lebensmittel nicht so heil ist, wie sie uns vorkommt.

Jens Brehl   Lange war das Ziel der Bundesregierung 20 Prozent der Flächen in Deutschland ökologisch zu bewirtschaften ein Running Gag – schließlich gab es kein Zieldatum. Laut aktuellem Koalitionsvertrag soll es nun 2030 so weit sein. Das Statistische Bundesamt gibt an, dass 2018 9,1 Prozent der Flächen ökologisch bewirtschaftet wurden, den Anteil müsste man demnach mehr als verdoppeln. Wie die große Öko-Revolution wirkt das aber noch nicht, oder?

Felix Löwenstein   Das Ziel ist erreichbar und ein Stück weit auch ehrgeizig. Wir müssen ja nicht nur den Flächenanteil erhöhen, sondern gleichzeitig muss auch der Markt für Bio-Lebensmittel wachsen. Letzteres wird nicht einfach passieren, weil man es gerne hätte. Wir werden uns weiter auf das politische Ziel berufen, wenn wir dafür Unterstützung einfordern. Aber wir können es uns angesichts der großen Probleme ohnehin nicht leisten, den Umbau zu einer enkeltauglichen Landwirtschaft alleine heroischen Verbrauchern zu überlassen, die bereit sind, mehr für Lebensmittel auszugeben, wo sie es doch billiger haben könnten. Wenn es nicht gelingt, die komplette Landwirtschaft in einem recht kurzen Zeitraum auf nachhaltig umzustellen, bekommen wir die Probleme, die uns die Zukunft kosten werden, nicht mehr in den Griff. Grundlegende Veränderungen werden wir nur politisch durch entsprechende Mehrheiten anstoßen können.

Jens Brehl Die Probleme des Klimawandels sind uns doch lange bekannt. So ehrlich muss man allerdings in Sachen Bewusstsein der Gesellschaft und politischer Wille sein: Bei der Bundestagswahl 2013 sind Bündnis 90/Die Grünen mit dem Thema Klimaschutz angetreten und haben im Vergleich zur Vorwahl Stimmen verloren. Erst durch Fridays for Future scheint wieder frischer Wind in die politische Debatte gekommen zu sein, wie lange der auch anhalten mag.

Felix Löwenstein Seit einem halben Jahrhundert wissen wir recht gut über die ökologischen Probleme Bescheid, denn Bücher wie »Der stumme Frühling«, »Small is beautiful« und »Die Grenzen des Wachstums« haben sie uns vor Augen geführt. Wären wir beim Ressourcenverbrauch auf Sinkflug gegangen, dann wären wir rechtzeitig ganz sanft gelandet. Stattdessen haben wir auf Höhenflug gesetzt und müssen jetzt auf Sturzflug umschalten. Das macht es politisch so riskant.

Jens Brehl Weil man jetzt den Menschen den jahrzehntelang gewöhnten Überfluss wegnehmen und stattdessen Verzicht predigen muss?

Felix Löwenstein Keine Frage, wir müssen unseren Lebensstandard neu definieren. Wobei ich nicht glaube, dass man uns etwas wegnehmen muss. Es ist immer eine Frage der Sichtweise: Wenn Fleisch teurer wird, kann ich mir weniger leisten. Wenn aber die Qualität schon im Bereich der Erzeugung wächst, wozu Tierwohl und eine intakte Landschaft gehören, dann wird aus dem Weniger beim Fleischkonsum ein Anstieg der Lebensqualität. Daher plädiere ich dafür, das Wort »Verzicht« nicht zu nutzen.

Jens Brehl Puh, diese Sichtweise muss man aber erst einmal vermitteln. Ich erinnere mich noch lebhaft an die hitzigen Diskussionen, als Bündnis 90/Die Grünen vorschlugen, in staatlichen Kantinen einen Veggieday einzuführen. Da war der Skandal à la »Die nehmen uns das Schnitzel weg!« perfekt, die Empörung in Teilen der Gesellschaft war enorm.

Felix Löwenstein   Die politische Konkurrenz hat die Diskussion mit geschickter Propaganda angeheizt. Dennoch zeigt die ausgelöste öffentliche Reaktion, dass viele Mitbürger in der Sache gedanklich noch nicht so weit sind. Ebenso emotional ist in Deutschland das Thema Tempolimit auf Autobahnen. Das zu fordern, ist für den Deutschen schon ein spürbares Kratzen an seinen Menschenrechten.

Jens Brehl   Zurück zu »beim Ressourcenverbrauch auf Sinkflug gehen«: Haben wir angesichts der vielen drängenden Umweltprobleme – Rückgang der Artenvielfalt, Klimawandel, Verlust von fruchtbaren Ackerböden – überhaupt noch genügend Zeit, um Landwirte und Verarbeiter davon zu überzeugen, auf ökologische Wirtschaftsweise umzustellen, oder braucht es dafür mittlerweile eine Art Öko-Diktatur?

Felix Löwenstein   Das braucht es nicht. Die Marktwirtschaft ist bestens geeignet, um knappe Ressourcen effizient einzusetzen. Das funktioniert allerdings nur mit ehrlichen Preisen, doch bei Lebensmitteln lügen sie häufig. Wenn Fleisch so teuer wäre, wie uns der Verbrauch der natürlichen Ressourcen und die Schäden für die Umwelt tatsächlich kosten, würde sich der Konsum automatisch auf die richtige Weise lenken.

Den Beweis finden Sie in Kopenhagen. Im Jahr 2007 hatte der Stadtrat beschlossen, dass bis 2015 90 Prozent der Lebensmittel in öffentlichen Kantinen aus ökologischer Landwirtschaft stammen sollte und gleichzeitig die Preise für die Mahlzeiten nicht steigen dürften. Das Ziel hat man erreicht. Aber natürlich nicht mit dem gleichen Speiseplan wie vorher, nur in ökologisch. Die Hebel lagen in sehr einfachen Veränderungen: weniger Fleisch, weniger Fertigprodukte, weniger Abfall und mehr Frisches.

Ein hochinteressantes Experiment, weil es die Situation des normalen Haushalts abbildet. Wenn wir auf diese Weise Probleme angehen, braucht der Staat nicht dirigistisch einzugreifen. Der Markt erledigt das.

Jens Brehl Es gab aber zunächst einen politischen Entschluss.

Felix Löwenstein Der Markt kann Allgemeingüter nicht einpreisen. Dafür sind Politik und Gesellschaft zuständig. An vielen Stellen sind die Produktionskosten externalisiert und werden damit auf die Allgemeinheit und künftige Generationen abgeladen. Das müssen wir beenden.

Den im Frühjahr 2019 von führenden Ökonomen amerikanischer Universitäten vorgetragenen Vorschlag, eine Tonne CO_2 mit 300 US-Dollar zu bepreisen, finde ich spannend. Die Einnahmen sollten pro Kopf zurück an die Bürger verteilt werden. Damit würde man nicht nur bei der Produktion von CO_2 Preiswahrheit herstellen, sondern würde gleichzeitig Geld umverteilen. Meist verursachen reiche Bürger durch ihren Lebenswandel mehr CO_2. Das hätte eine riesige Auswirkung (Löwenstein zieht das Wort »riesige« in die Länge).

Das gleiche Modell kann man auch in der Landwirtschaft einsetzen: Pestizide und Stickstoff aus Kunstdünger müssten teurer und die Mehreinnahmen pro Hektar an die Landwirte ausgeschüttet werden.

Jens Brehl Ein Gedankenspiel: In Deutschland wird kein Fleisch aus Massentierhaltung mehr gekauft. Die Bevölkerung hat ihren Fleischkonsum reduziert und setzt konsequent auf Öko. Würde sich dadurch auch etwas in der Landwirtschaft und Produktion ändern, oder würden die großen Mäster weiterhin mit dem gleichen Geschäftsmodell aktiv bleiben und Verarbeiter Fleisch dann einfach exportieren?

Felix Löwenstein Wir müssen nicht die Verbraucher überzeugen, weniger Fleisch zu essen, sondern auf der Ebene der Produktion Lösungen umsetzen. Hauptsächlich durch den Import von Soja aus Südamerika funktioniert das Geschäftsmodell der industriellen Tierhaltung. Würde in diesem Futtermittel der bei seiner Produktion entstehende ökologische Schaden eingepreist und würde der Tierhalter seinen Tieren genug Platz geben, damit sie artgerecht leben können, hätten wir einen völlig anderen Preis – und damit einen deutlich verringerten Fleischkonsum.

Ein Einwand ist berechtigt: billige Fleischimporte und -exporte. Daher müssen wir so viele Änderungen wie möglich europaweit beschließen. Auch internationale Handelsverträge müssen wir so gestalten, dass nicht der Preis alleine, sondern auch ökologische und soziale Qualitäten in der Produktion berücksichtigt werden. Das hat bislang politisch noch niemand ernsthaft gefordert, obwohl die WTO-Verträge solche Auswahlkriterien erlauben.

Jens Brehl In welchen Bereichen muss die ökologische Landwirtschaft in Deutschland effektiver werden, und wie kann sie das erreichen?

Felix Löwenstein Bislang werden von den staatlichen und privaten Forschungsgeldern in Höhe von vier Milliarden Euro wohl kaum mehr als ein Prozent für Fragestellungen der ökologischen Lebensmittelwirtschaft aufgewandt. Wenn man das 20-Prozent-Ziel ernst meint, muss hier erheblich zugelegt werden. So müsste man beispielsweise mehr in eine ökologische Pflanzen- und Tierzucht investieren.

Es gibt aber auch Fragestellungen, die betreffen konventionelle wie Öko-Bauern gleichermaßen. So befahren die meisten von uns mit viel zu schweren Maschinen die Äcker und verdichten den Boden. Die Digitalisierung könnte eine Chance sein, dies mit kleinen und autonom fahrenden Einheiten zu vermeiden.

Jens Brehl Welche konkreten Schritte müssen Gesellschaft, Wirtschaft und Politik unternehmen, um die ökologische Agrarwende voranzutreiben?

Felix Löwenstein Am wichtigsten ist das schrittweise Umgestalten der europäischen Agrarpolitik. Die ausschließlich an der Fläche orientierten Zahlungen müssen abgebaut und so umgestaltet werden, dass Leistungen der Landwirte für Natur und Gesellschaft, für die sie der Markt nicht ausreichend honoriert, entlohnt werden.

Jens Brehl Was sind in Ihren Augen die größten Hindernisse der ökologischen Agrarwende?

Felix Löwenstein Nach meinem Eindruck ist die Wählerschaft viel weiter als die Politiker, die aus Angst vor ihr Veränderungen scheuen. Manch ein Politiker im Bundestag ist zudem eng mit der Agrarwirtschaft verflochten.*

Seit Jahrzehnten besteht landwirtschaftliche Interessenvertretung darin, Veränderungen zu verhindern. Damit wurde viel Vertrauen in der Gesellschaft verspielt. Wir brauchen jetzt von der Landwirtschaft selbst entwickelte, mutige und klare Zukunftsbilder, mit denen wir zurück in die Diskussion kommen!

Jens Brehl Angenommen, Deutschland hat die ökologische Agrarwende geschafft. Wohin ginge der Trend in puncto Anbau, Weiterverarbeitung und Handel: Renaissance für kleinbäuerliche Betriebe und regionale Wirtschaftskreisläufe oder zentrale Großbetriebe und weiterhin eine Handvoll Lebensmitteleinzelhändler, die mehr als die Hälfte des Marktes dominieren?

Felix Löwenstein Ich bin sicher, es wird beides geben. Große Betriebe, die große Handelsstrukturen beliefern, ebenso wie kleine, die in direktem Kontakt mit den Verbraucherinnen und Verbrauchern eine höhere Wertschöpfung realisieren können.

---

* Ein prominentes Beispiel für Lobbyverflechtungen ist der Bundestagsabgeordnete Johannes Röring, Agrarexperte der CDU. Röring sitzt unter anderem im Präsidium des Deutschen Bauernverbands und »hat als Mitglied des Landwirtschaftsausschusses gleichzeitig privilegierten Zugang zu Informationen, etwa über bevorstehende Gesetzentwürfe«. Mit seinen bis zu 15 Nebentätigkeiten soll er besonders eng mit der Agrarwirtschaft verflochten sein.[54]

Schlussgedanken

Bio ist in der Mitte der Gesellschaft angekommen – auch ich dachte noch vor gut zehn Jahren ähnlich. Bio-Lebensmittel gibt es schließlich fast überall zu kaufen, und man wird auch nicht mehr schief angeschaut, wenn man konsequent zur Bio-Milch greift. Vielfach gehört es einfach zum guten Ton.

Allerdings ist die Bio-Branche noch immer eine Nische – keine ganz kleine mehr, aber in manchen Lebensmittelsektoren wie bei Fleisch oder Bier ist der Marktanteil überschaubar oder sogar nahezu verschwindend gering. Ein Pressesprecher eines Erzeugerverbands sagte mir sinngemäß, es gebe in der Nische zwar erfolgreiche Bio-Unternehmen, aber insgesamt habe die ökologische Produktion in seiner Branche keinerlei Relevanz. Möchte man die biologisch-dynamische Landwirtschaft als Startschuss für die moderne Öko-Bewegung begreifen – tatsächlich gab es bereits im 19. Jahrhundert Öko-Bewegungen in verschiedenster Gestalt –, sind nach fast 100 Jahren die konkreten Ergebnisse in Sachen Agrarwende positiv ausgedrückt ausbaufähig. In dieser Hinsicht bin ich ein ungeduldiger Mensch und der Blick auf die Zahlen frustriert mich manchmal.

Jan Plagge, Präsident des Anbauverbands Bioland, sagte auf einer Tagung, dass der aktuelle Stand der ökologischen Landwirtschaft noch nicht ausreiche, um flächendeckend Wasserschutz und mehr sicherzustellen.[55] Dieser Satz hat sich bei mir eingeprägt, denn es gibt noch viel zu tun. Bis 2030 möchte die aktuelle Bundesregierung den Anteil der Öko-Flächen auf 20 Prozent steigern. Zudem verfehlten wir in den letzten Jahren konsequent unsere selbst gesteckten Klimaschutzziele, auch hier ist der Umbau der

Landwirtschaft hin zu einer enkeltauglichen Wirtschaftsweise ein wichtiger Schritt zum Erfolg.

Allerdings legt man keinen Hebel um, und am nächsten Tag ist die ökologische Agrarwende vollzogen. Wir reden vom nahezu kompletten Umbau unseres Ernährungssystems, was einen gewaltigen Strukturwandel bedeutet. So gibt es zwar ein politisches Ziel, allerdings keinen dazu passenden Fahrplan. Ein paar Blühstreifen und ein bisschen mehr Tierwohl sind allenfalls Kosmetik. Ähnlich wie beim Kohleausstieg müssen ganze Regionen und Wirtschaftszweige transformiert werden. Wir müssen entscheiden, welche Produktionsmethoden verändert oder gar ähnlich der Atom- und Kohlekraftwerke abgeschaltet werden und wie dabei Arbeitsplätze und Wohlstand ebenso geschützt sind wie beispielsweise die Artenvielfalt. Die Aufgabe ist gewaltig:

Jede Investition in ökologisch nicht nachhaltige und nicht tiergerechte Landwirtschaft bremst die ökologische Agrarwende auf Jahre bis Jahrzehnte aus. Ist der Stall im Sinne der konventionellen Massentierhaltung gebaut, muss er auch betrieben werden – häufig, um den Kredit abbezahlen zu können. Von heute auf morgen lässt er sich nur selten im Sinne der ökologischen Landwirtschaft mit den strengeren Auflagen umbauen.

Allein die Konsumenten in die Pflicht zu nehmen ist darüber hinaus eine billige und faule Ausrede. Drastisch formuliert, spielen wir mit der lebenswerten Zukunft unserer Kinder und Enkel russisches Roulette, wenn wir darauf beharren, der Markt würde es regeln. De facto gibt es in Sachen Lebensmittel nur scheinbar einen freien Markt, denn geformt wird er zu einem großen Teil politisch durch Subventionen – wie mit der Gemeinsamen Agrarpolitik der EU. Solange es keine gerechten Preise gibt, also vorbildliches ökologisches Verhalten nicht explizit gefördert wird, und für Umweltschäden meist weiterhin die Allgemeinheit aufkommen muss, statt der Verursacherinnen und Verursacher, sehe ich schwarz. Ein Geschäftsführer eines mittelständischen Bio-Lebensmittelherstellers berichtete mir vom Ablauf der jährlichen Gespräche mit den Einkäuferinnen und Einkäufern. Ob Discounter, Lebensmitteleinzelhandel oder Naturkostfachhandel, die Gespräche seien immer gleich, nur die Räume und Personen änderten sich. Die ökologische Agrarwende sei dann kein Thema, es gehe stets um den billigsten Preis. Mag der Handel zwar Bio-Lebensmittel listen, ist er oft kein echter Partner. Knallharter Preisdruck ist wie Glyphosat – wo angewendet, wächst nichts mehr. Auch auf die konventionellen Landwirtinnen und Landwirte zu schimpfen ist oftmals zu kurz gedacht. Seit Jahren stehen viele finanziell mit dem Rücken zur Wand und spüren den Druck, dass ihre erzeugten Lebensmittel bitte schön billige Massenware zu sein haben – vor allem für die Lebensmittelindustrie und den Export auf dem Weltmarkt. Friedrich Ostendorff, Öko-Landwirt und agrarpolitischer Sprecher Bündnis 90/Die Grünen, riet am zweiten Fachtag Solidarische Landwirtschaft, sich nicht gegenseitig ausspielen zu lassen. »Wir kämpfen alle für eine zukunftsfähige bäuerliche Landwirtschaft.« Es gelte, Gemeinsamkeiten zu finden.

Daher hat es mich sehr gefreut, einige Akteurinnen und Akteure getroffen zu haben, die beharrlich ihre ökologischen Wege auch im Sinne des Gemeinwohls gehen. Natürlich habe ich nicht alle Bio-Pioniere berücksichtigen können, sondern musste eine redaktionelle Auswahl treffen. Ansonsten hätte das den Umfang des Buchs gesprengt. Ganze Regalwände ließen sich mit erzählenswerten Geschichten füllen. Manch ein Pionier sagte zu meinem Bedauern ab, auch wenn die Vorgespräche vielversprechend verliefen. Andere standen explizit für Interviews nicht zur Verfügung. Manch einer verstarb, bevor ich ihn treffen konnte. Über zwei Jahre ist diese Buchidee gereift, bis ich sie dank des oekom verlags umsetzen konnte.

Nun hoffe ich, mit dem vorliegenden Werk einen kleinen Beitrag geleistet und Lust auf die ökologische Landwirtschaft und hochwertige Bio-Lebensmittel gestärkt oder gar geweckt zu haben.

Dank

Mit jedem neuen Buch wird die Liste der Menschen, bei denen ich mich von ganzem Herzen für die Unterstützung bedanken möchte, immer länger. Ich hoffe inständig, dass ich auch dieses Mal niemanden vergesse.

Zunächst möchte ich mich bei allen Protagonisten bedanken, die sich nicht nur die Zeit für ausführliche Interviews genommen haben, sondern mich vor Ort trotz Hochbetriebs hinter die Kulissen haben blicken lassen. Von allen Gesprächspartnern stellte ich Thomas Gutberlet mit Abstand die meisten unbequemen Fragen, und er ist keiner ausgewichen. In meinem journalistischen Arbeitsalltag ist das alles andere als selbstverständlich, da herrscht oft das Motto: Die freie Presse soll kritisch hinterfragen, aber doch nicht bei mir.

An dieser Stelle sei erwähnt, dass mir der oekom verlag vollständige redaktionelle Freiheit für dieses Buchprojekt gewährt hat. Danke für das in mich gesetzte Vertrauen. Clemens Herrmann ist es übrigens zu verdanken, dass mein bereits vom Verlag abgelehntes Exposé eine zweite Chance bekam und schließlich als Buch nun in den Händen der Leserinnen und Leser liegt. Das war nur möglich, weil mich Carola Hofmann bei einem Gespräch auf der Frankfurter Buchmesse motiviert hatte, es nochmals zu versuchen. Ich war mehr als skeptisch, welchen Sinn das haben sollte, aber sie ließ nicht locker. Lena Denu hat das laufende Buchprojekt und damit auch mich, die Nervensäge aus Fulda, betreut und dabei viel Geduld bewiesen. Als Lektorin hat sie meinem Manuskript darüber hinaus den letzten Feinschliff gegeben.

Anne Baumann von der Assoziation Ökologischer Lebensmittelhersteller ist »schuld«, dass es ein Kapitel über Münchner Kindl Senf gibt – vielen Dank für den wertvollen Tipp!

Besonders gefreut hat mich auch das Grußwort von meiner Kollegin Tanja Busse, die sich dazu sofort bereit erklärt hat. Ihr Buch »Die Einkaufsrevolution« hat den Grundstein für mein Interesse an ökologisch nachhaltigen Themen gelegt. Bei einem persönlichen Treffen hat sie das Exemplar signiert und mich damit auch schriftlich aufgefordert: »Schreib weiter!« Wenn ich mich im Autorentief befinde und frustriert bin, lese ich hin und wieder die Widmung.

Wenige Monate nach meinem Besuch der Herrmannsdorfer Landwerkstätten ist Karl Ludwig Schweisfurth verstorben. Mit einem Kloß im Hals und Tränen in den Augen habe ich die entsprechende Nachricht gelesen. Ich bin sehr, sehr, sehr dankbar, dass ich diesen außergewöhnlichen Menschen noch treffen durfte.

Georg Sedlmaier und seiner Interessengemeinschaft FÜR gesunde Lebensmittel habe ich einiges zu verdanken. Nicht nur, dass er immer wieder interessante Referentinnen und Referenten aus der Bio-Branche nach Fulda holt, hat er darüber hinaus dieses Buchprojekt mit einem großen Betrag finanziell unterstützt.

Meine Recherchen und dieses Buch waren nur möglich, da sich genügend Menschen am Crowdfunding beteiligt haben. Namentlich möchte ich an dieser Stelle erwähnen: Anni Frenzel, Sonja Frenzel, Bernhard Heinrich, Felix Döppner, Barbara König, Helmut Schönberger, Jens Hakenes und Ralf Zwengel. Eure Mithilfe hat mich sehr gefreut.

Ha, ihr habt bestimmt schon gedacht, ich hätte euch vergessen: Carina, Marion und die ganze Familie Harbich haben mich in den stressigen Wochen des Schreibens immer wieder aufgemuntert. Danke für den Rückhalt, den ich seit Jahren von euch bekomme – und für das Schnittlauchgemüse. Auf die Spinat-Schafskäse-Quiche warte ich allerdings schon eine Weile.

Über den Autor

Jens Brehl wurde 1980 in Fulda geboren. Als freier Journalist, Herausgeber des Onlinemagazins »über bio« (www.über-bio.de) und Buchautor widmet er sich thematisch am liebsten der ökologischen Landwirtschaft, Bio-Lebensmitteln und enkeltauglichem Wirtschaften. Für lokale und überregionale Medien berichtet er darüber hinaus regelmäßig in den Sparten gesellschaftlicher Wandel, Medien und mehr.

Foto: Svetlana Fitz

Für sein Buch »Regionale Biolebensmittel – Gesundes und Köstliches aus Fulda, Rhön, Vogelsberg und Nordhessen« erhielt er den Salus-Medienpreis in der Kategorie Sonderpreis.

Anmerkungen

1 Die Geschichte von tegut kann man im Buch »Wertverleihend handeln – Theo und Wolfgang Gutberlet und die Geschichte von tegut 1947–2009« von Dr. Mathias R. Schmidt (2019), Parzellers Buchverlag, nachlesen.

2 www.oekotierzucht.de.

3 Schmidt: Wertverleihend handeln, S. 79.

4 »Von Bio zu Super-Bio«, Biowelt Ausgabe 04/2020, Seite 16.

5 AMI. Natürlich informiert (2019): Welchen Anteil haben die »sonstigen Einkaufsstätten« am wachsenden Bio-Markt? www.ami-informiert.de/ ami-maerkte/maerkte/ami-maerkte-oekolandbau/boeln-projekte/bio-gesamtmarkt/bio-gesamtmarkt-archiv [16.08.2020].

6 Brehl, Jens (2018): »EU-Bio reicht uns nicht«, Brehl backt! www.brehl-backt.de/ eu-bio-reicht-uns-nicht/ [21.04.20].

7 Christinck, Anja (2008): »Bildungs-werkstatt Pädagogik und Landwirt-schaft – Tagungsdokumentation 25. bis 26.10.2008«, Schriftenreihe der Loheland-Stiftung, S. 10.

8 Mehr über antonius Hof, Gärtnerei und Bäckerei im Buch »Regionale Biolebensmittel – Gesundes und Köstliches aus Fulda, Rhön, Vogelsberg und Nordhessen« von Jens Brehl (2016), Parzellers Buchverlag.

9 Selg, Peter (2009): Koberwitz, Pfingsten 1924: Rudolf Steiner und der landwirtschaftliche Kurs. Steiner Verlag, S. 60–61.

10 »Loheland: Die erste anthroposophi-sche Siedlungsgemeinschaft mit biodynamischen Akzenten«, demeter Journal, Frühjahr 2014, S. 11.

11 Brehl, Jens (2019): »Bald Solidarische Landwirtschaft auf Loheland?«, Brehl backt! www.brehl-backt.de/ bald-solidarische-landwirtschaft-auf-loheland/ [18.02.20].

12 Brehl, Jens (2020): »Solidarische Landwirtschaft raus aus der Nische«, Brehl backt! www.brehl-backt.de/ solidarische-landwirtschaft-raus-aus-der-nische/ [18.02.20].

13 Mehr über Melchiorsgrund im Buch »Regionale Biolebensmittel, ab S. 43.

14 Zeppelingärten Fulda, www.zeppelingaerten.de.

15 www.youtube.com/watch?v= gzTMb2sEFDg, ab Minute 1:39.

16 www.dmk.de/wer-wir-sind/ [16.08.2020].

17 Bundesanstalt für Landwirtschaft und Ernährung (2020): »Bericht zur Markt- und Versorgungslage mit Milch und Milcherzeugnissen«, S. 14.

18 BÖLW (2020): »Bio-Markt nimmt weiter Fahrt auf«. BÖLW Branchen-report 2020. www.boelw.de/fileadmin/ user_upload/Dokumente/Zahlen_und_ Fakten/Brosch%C3%BCre_2020/06_ B%C3%96LW_Branchenreport_2020_ BioProdukte_Umsatz.pdf, S. 2.

19 Voelkel, Margret (2013): Höhbeck – Lebenserinnerungen der Siedler Karl und Margret Voelkel.

20 Zukunftsstifung Landwirtschaft. www.zukunftsstiftung-landwirtschaft.de.

21 Stand 1. Oktober 2019, S. 64.

22 BÖLW Positionspapier »Ökologische Pflanzenzüchtung: Ein Beitrag zu Vielfalt und Resilienz in der Landwirtschaft«. www.boelw.de/ fileadmin/user_upload/Dokumente/ Pflanze/180518_BOELW_Position_ Pflanzenzuechtung.pdf, S. 1.

23 Brehl, Jens (2020): »Gochsheimer Gelbe Rübe gerettet: Prost«, Brehl backt! www.brehl-backt.de/ gochsheimer-gelbe-ruebe-gerettet-prost/ [22.04.20].

24 Kultursaat, www.kultursaat.org.

25 Strohmaier, Alfons (2015): »Den Samen bis zur Keimfähigkeit wirklich einwirken lassen«, SG-Magazin, 2/2015.

26 Wiener, Sarah (2013): Zukunfts-menü – Warum wir die Welt nur mit Genuss retten können. Riemann Verlag, S. 116.

27 Mostbacher-Dix, Petra (2016): »In Erdmannhausen öffnet das erste Brezelmuseum Deutschlands«, Schönes Schwaben 7–8/16.

28 Schumacher, E. F. (2019): Small is beautiful. Die Rückkehr zum menschlichen Maß. oekom verlag.

29 Strohmaier: »Den Samen bis zur Keimfähigkeit wirklich einwirken lassen«, SG-Magazin, 2/2015.

30 O. V. (2007): »Wir sollten ernsthaft anfangen, vom Leben zu lernen«, SG-Magazin 6/2007.

31 Fischer, Frauke/Nierula, Frank (2019): Der Palmöl-Kompass. Hintergründe, Fakten und Tipps für den Alltag. oekom verlag, S. 11.

32 Strohmaier: »Den Samen bis zur Keimfähigkeit wirklich einwirken lassen«, SG-Magazin, 2/2015.

33 Schweisfurth, Karl Ludwig (2014): Der Metzger, der kein Fleisch mehr isst. oekom verlag, S. 62.

34 Ebd. S. 63 und 65.

35 Ebd. S. 133.

36 Schweisfurth Stiftung. www.schweisfurth-stiftung.de.

37 Menkens, Gunnar: »Hannovers einzigem Öko-Hof droht das Aus«, Hannoversche Allgemeine Zeitung, www.haz.de/Hannover/Aus-der-Stadt/ Hat-oekologische-Landwirtschaft-am-Kronsberghof-noch-eine-Zukunft [25.09.19].

38 »Und was sagt die Gerdau dazu ...«, Uelzen aktuell, 24. Juni 1993, S. 7.

39 Bundesministerium für Ernährung und Landwirtschaft (Hrsg. 2019): Struktur der Mühlenwirtschaft 2018. www.bmel-statistik.de/fileadmin/ daten/SBB-0200000-2018.pdf, S. 11.

40 Bundeskartellamt (Hrsg. 2013): Fallbericht – Bußgeldverfahren gegen Unternehmen der Mühlenindustrie. www.bundeskartellamt.de/ SharedDocs/Entscheidung/ DE/Fallberichte/Kartellverbot/ 2013/B11-13-06.pdf?__blob= publicationFile&v=2 [22.11.2019].

41 Eine interaktive Karte mit den Öko-Brauereien Deutschlands wird unter www.brehl-backt.de/bio-bier-aus-deutschland/ präsentiert.

42 Deutsche Brauwirtschaft in Zahlen 2011 bis 2019, www.brauer-bund.de/ download/Archiv/PDF/statistiken/ 200508%20Statistik%20Brauwirtschaft %20in%20Zahlen%20Deutschland%20 2011%20-%202019.pdf

43 Brehl: Regionale Biolebensmittel.

44 www.rapunzel.de/projekte.html.

45 AMI. Natürlich informiert (2019): Welchen Anteil haben die »sonstigen Einkaufsstätten« am wachsenden Bio-Markt? www.ami-informiert.de/

46 Pressemitteilung »Bioland für mehr ökologischen Landbau – Lidl-Kooperation stärkt heimisches Bio«, www.bioland.de/presse/pressemitteilungen/news-detail/bioland-fuer-mehr-oekologischen-landbau-lidl-kooperation-staerkt-heimisches-bio [16.08.2020].

47 van Braak, Heike (2020): »Mehrwert-Bio für den Mainstream«, Biowelt 04/2020, ab S. 19.

48 van Braak, Heike (2020): »Von Bio zu Super-Bio«, Biowelt 04/2020, S. 18.

49 Hessisches Ministerium für Umwelt, Klimaschutz, Landwirtschaft und Verbraucherschutz.

50 Heinrich-Böll-Stiftung/BUND/LE MONDE diplomatique (Hrsg. 2019): Agrar-Atlas 2019 – Daten und Fakten zur EU-Landwirtschaft, Heinrich-Böll-Stiftung, S. 11.

51 Heinrich-Böll-Stiftung et al.: Agrar-Atlas 2019, S. 11.

52 Börnecke, Stephan (2018): »Die (un)heimliche Arten-Erosion – eine agroindustrielle Landwirtschaft dezimiert unsere Lebensvielfalt«, https://martin-haeusling.eu/images/Biodiversit%C3%A4t_NEUAUFLAGE 2018_RZ_web.pdf, S. 27.

53 BÖLW (2020): »Europäischer Bio-Markt wächst auf über 40 Milliarden Euro«. Ökolandbau.de. www.boelw.de/fileadmin/user_upload/Dokumente/Zahlen_und_Fakten/Brosch%C3%BCre_2020/06_B%C3%96LW_Branchenreport_2020_BioProdukte_Umsatz.pdf [13.05.2020].

54 Basler, Markus/Ritzer, Uwe, 2019: »Im Geflecht der Agrarlobby«, Süddeutsche Zeitung. www.sueddeutsche.de/politik/bundestag-cdu-abgeordneter-

55 Brehl, Jens (2020): »Solidarische Landwirtschaft raus aus der Nische«, Brehl backt! www.brehl-backt.de/solidarische-landwirtschaft-raus-aus-der-nische/ [18.02.20].